自動車用材料の歴史と技術

井沢省吾

グランプリ出版

自動車の仕事に携わる人だけではなく、
教養を求める一般の人にも最適の書

　自動車の誕生には諸説あるが、カールベンツが3輪自動車を作り、フォードが一般大衆に購入可能なT型フォードを生産し始めてから数えても100年以上の長い歴史を持つ。そしてそのエンジンやシャシー、サスペンションなどの基本的な構造は、それ以来変わっていないと言っていいだろう。

　しかし、現代の自動車の性能は自動車の創世記に比べて格段に優れ、特に信頼性、耐久性の向上は完璧なまでに進化したと言える。故障で道路に立ち往生している車など現在ほぼ皆無であることは、自動車に使われている、数万点にも及ぶ部品点数を考えると驚異である。それはひとえに材料の進化と、部品の製造方法や品質管理の改善により生まれたものであると考えられる。材料の進化は今後も限りなく続いていくものと考えられる。

　その自動車の材料について解説されたのが本書である。

　これまでにたくさんの材料の本が出版されているが、私の認識では大学の講義で使われる難解なものと、便覧のような材料を箇条書きに説明したものと両極端のものに分かれる。実際に自動車の材料を理解しようとすると、どちらも使いにくい場合が多い。

　本書はそれらの欠点を克服し、誰にでも理解しやすい「自動車の材料の入門書、解説書」だと言えるだろう。特徴は、材料が発見された頃からの発展過程、そして最新の材料の情報までが時系列的に並べられていることで、この本を読み始めると、とにかく読んでいて面白く楽しく読める、というのが第一印象である。材料の発祥にまつわる話、歴史が詳しく書かれていることにより面白さを感じ、そして製造方法が詳しく書かれていて、自動車の手に触れる部品がどのように作られているのかを知ることができ、まるで自分が部品を作っているかのような楽しさを感じることができる。

　私自身も自動車技術の仕事に数十年従事し、材料の知識を持っていたと思っていたが、この本を読んで材料の面白さと楽しさを再発見し、この本の著者の知識の深さに脱帽した。

自動車の技術者は基礎知識として、必ず読んだほうがいい書籍と言える。そして、材料の講義に出席する学生にとってはこの本を読むことにより、難解な教科書を理解するための入門書または参考書としても価値がある。

　また、鉄をはじめ、樹脂、メッキ、電気材料など広範囲な材料についてわかりやすく解説されているので、自動車の仕事に携わる人だけではなく、教養を求める一般の人にも最適の書であると確信する。

トヨタ自動車 元チーフエンジニア・工学博士　堀　重之

[プリウス、プレミオ、アリオン、カルディナ、サイオンｔＣなど、ミッドサイズクラスの12車種の開発車のチーフエンジニアとして自動車の企画、開発に従事。]

はじめに

　本書『自動車材料の歴史と技術』は、自動車に用いられている材料について解説する専門書である。既に出版されている類似書に対して、次の五つの特徴を有している。

　一つ目の特徴は、現在の自動車に用いられている金属材料、有機高分子であるプラスチック（合成樹脂）やゴム、さらにはセラミックスと、あらゆる分野の工業材料を網羅的に取り上げて、解説を加えているところである。一つの分野、例えば樹脂材料に限定して、自動車材料を解説した専門書は多く見られるが、広範囲の分野の材料を、一冊の中で取り上げて解説している書は、意外と少ないのである。
金属材料においては、自動車本体の材料として用いられている「鉄鋼」、「アルミニウム」、「銅」などの主材料に加えて、排気ガスを浄化する触媒コンバータに微量に担持され、化学反応の触媒として機能している白金、パラジウム、ロジウムなどの貴金属も取り上げている。

　二つ目は、人類が、それぞれの材料の原料（鉄鉱石、ボーキサイト、銅鉱石、生ゴムの木、石油など）を、いつどのような経緯で発見したのか、そして発見した原料から、人類はどのような科学原理を用いて、材料を製錬してきたのかを解説しているところである。青銅は今から約5800年前に、比較的容易に製錬することができた。鉄を製錬するには製錬技術のイノベーションが必要であり、それをなしたのは約3500年前のヒッタイト人であった。アルミニウムの製錬はさらに困難を極め、人類がアルミニウムの製錬技術を確立できたのは、19世紀の後半になってからのことである。

　青銅の製錬が容易なのに対して、アルミニウムの製錬が非常に難しかった理由を、高校生レベルが理解できる科学に基づいて、解説を加えている。鉄鉱石の歴史では、宇宙のビッグバンにまで遡って、「鉄元素Fe」が誕生するところから始めている。また、プラスチックや合成ゴムの原料である石油が、何から生まれたかについても、言及した。

　最近増えている電気自動車やハイブリッド自動車の材料にスポットを当てる意味で、駆動モーターに用いられている銅線（マグネットワイヤ）を第6章で取り上げた。このハイテク素材マグネットワイヤと対比させて、銅が自動車材料に用いられる遥か以前の日本の「天平時代」に、青銅が東大寺の大仏の材料に採用され、金めっきを施された一大国家プロジェクト「東大寺の大仏建立」の歴史エピソードを紹介

している。

　本書の三つ目の特徴は、2万5000個から3万個近くの部品から構成されていると言われている自動車において、その材料が、どこにどのように用いられているのかを、イラストでわかりやすく説明しているところである。

　四つ目の特徴は、材料だけの解説にとどめず、自動車部品をつくるための生産技術についても解説を加えていることである。プレス等の塑性加工、鋳造法、射出成形法などの主な「造形方法」と、後工程として「溶接」、「めっき」、「塗装」、「熱処理」を取り上げ、各工法の原理と概要について解説している。

　五つ目は、自動車材料の「過去」と「現在」にとどめることなく、自動車の「将来」に向けた最新の話題を取り上げていることである。例えば、自動車の軽量化をさらに進めるハイテン材や炭素繊維強化プラスチック、燃料電池の心臓部に用いられている陽イオン交換膜、環境浄化機能を有するファインセラミックスの一種である酸化チタンなどである。

　この本を読めば、自動車に用いられている肝となる材料に関する基本的な知識が、自然なかたちで理解できるようになっている。自動車の材料について解説した初級の教科書として、ご活用頂ければ望外の喜びである。

　最後に、グランプリ出版の社長小林謙一氏から、ご教示頂いた次の言葉を肝に銘じて、本書を書き上げたことを、申し上げておきたい。

　「何かを伝えるときには、学校の先生のように当たり前のことを伝えておくことが最も大切です。ロングセラーとして支持された本は、決まってそのセオリーを守っているのです。」

目 次

自動車の仕事に携わる人だけではなく、教養を求める一般の人にも最適の書……堀　重之

1章　宇宙ビッグバンから「自動車用鉄鋼材料」ができるまで
　　1－1　巨大恒星の核融合反応で生まれた鉄 Fe 元素……10
　　1－2　地球は、「鉄の惑星」……12
　　1－3　「青銅器時代」から「鉄器時代」へ突入……16
　　1－4　鉄鉱石から酸素原子を取り除く「溶鉱炉」……19
　　1－5　ベッセマーが開発した革命的な製鋼法「転炉」……22
　　1－6　製鋼プロセスの仕上げの工程、「連続鋳造」……24
　　1－7　鉄の塑性加工の基本「熱間圧延」……27

2章　自動車で使われる「鉄鋼材料」
　　2－1　成形性に優れた「より軟らかい鋼板」を求めた時代……32
　　2－2　「成形性」と「高強度」の両立を目指す「ハイテン材」……34
　　2－3　ハイテンのライバル「ホットスタンプ法」……37
　　2－4　クルマを錆から防ぐ「亜鉛めっき鋼板」と「ステンレス鋼」……40
　　2－5　鉄の磁性を活かした高機能な「電磁鋼板」……43
　　2－6　自動車にも使われている「パイプ状の鋼管」……46
　　2－7　細くすればするほど強くなる「鋼線」……48
　　2－8　自動車の軽量化をリードする日本の差別化技術、「特殊鋼」……51
　　2－9　表面が硬く、内部が強靭な「自動車ギア」……54

3章　鉄と鉄をつなぐ「溶接」の化学
　　3－1　プレス部品を溶接して「モノコックボディへ」……58
　　3－2　なぜ「鉄」だけが簡単に「溶接」できるのか？……60
　　3－3　「溶接」のプロフェッショナル「鋳掛屋」……63
　　3－4　「原子」と「原子」が結合する溶接……66
　　3－5　自動車で注目される「革新的溶接技術」とは？……69

4章　クルマを「錆」から守り、美人に化かす「めっき」と「塗装」の化学

- 4-1　なぜ鉄は「自発的」に錆びるのか？……74
- 4-2　電気の無い時代の金めっき法、「金アマルガム法」……76
- 4-3　鉄の「犠牲」になって、溶けてなくなる献身的な「亜鉛」……79
- 4-4　「うなぎの蒲焼き」のような日本の「亜鉛めっき鋼板」……82
- 4-5　電気めっきの原理、ファラデーの「電気分解の法則」……85
- 4-6　停電でもできる、「化学的なめっき法」とは？……87
- 4-7　自動車ボディ塗装の「塗料の成分」とは……90
- 4-8　自動車ボディ塗装の「塗膜形成メカニズム」とは……93
- 4-9　自動車ボディ塗装「下塗り」「中塗り」「上塗り」……96

5章　自動車の「軽量化」をリードする「アルミニウム」

- 5-1　「アルミニウム」の歴史が浅いのは、なぜか？……100
- 5-2　「最も素直な構造」であるアルミニウムの原子構造……103
- 5-3　自動車の軽量化の鍵を握るアルミニウム……105
- 5-4　アルミの原料、アルミナの製造法「バイヤー法」……109
- 5-5　アルミナを溶かし、電気分解してアルミを単離する、「ホール＝エルー法」……112
- 5-6　「アルミニウム合金」はどのように分類するのか？……115
- 5-7　自動車の主要部品をつくる「ダイカスト法」とは？……118
- 5-8　硬い金属板がなぜプレス成形で流面型になるのか？……120
- 5-9　自動車エンジンを長持ちさせる「アルマイト処理」……123

6章　「環境にやさしいクルマ」を生み出す、銅などの「貴金属」

- 6-1　「００７は殺しの番号」、「0.007は銅のクラーク番号」……128
- 6-2　日本の一大国家プロジェクト、東大寺の「大仏建立」……130
- 6-3　古代は「酸化銅」、現代は「硫化銅」を銅の原料に……133
- 6-4　「銅」はなぜ電気を通しやすいのか？……135
- 6-5　モータに用いられる「マグネットワイヤ」とは何か？……138
- 6-6　排ガス「有害3成分」をクリーンにする「3元触媒」とは？……141

7章　自動車をもっと軽くする「プラスチック材料」

　7－1　「石油」からつくられるプラスチック……146
　7－2　プラスチック（合成樹脂）は高分子材料の一種……148
　7－3　4大汎用樹脂の一つ、「ポリエチレン」……152
　7－4　自動車バンパーに用いられる「ポリプロピレン」……155
　7－5　自動車機能部品に用いられる「エンプラ」とは……158
　7－6　「流す」「形にする」「固める」が樹脂成形の基本……161
　7－7　自動車軽量化の切り札「炭素繊維」……164
　7－8　炭素繊維強化樹脂CFRPの成形法……168
　7－9　次世代自動車が、プラスチックに求めるものは何か？……172
　7－10　燃料電池自動車の心臓部に使われている、高機能樹脂材料とは？……176
　7－11　自動車タイヤの原料「天然ゴム」と「合成ゴム」……180
　7－12　プラスチックとゴムは何が違うのか？……183
　7－13　ゴムが伸びたり縮んだりする原理、「エントロピー弾性」……185

8章　自動車の名わき役材料「セラミックス」

　8－1　多様な「構成元素」と多様な「化学結合」からなるセラミックス……190
　8－2　自動車で用いられる「ファインセラミックス」（1）……193
　8－3　自動車で用いられる「ファインセラミックス」（2）……195
　8－4　自動車の窓に使われる「ガラス」とは何なのか？……198
　8－5　「自動車窓ガラス」の設計コンセプトと製造方法……201
　8－6　自動車が安心して走れる環境に良い「道路」をめざして！……205

参考文献……210

第1章
宇宙ビッグバンから
「自動車用鉄鋼材料」ができるまで

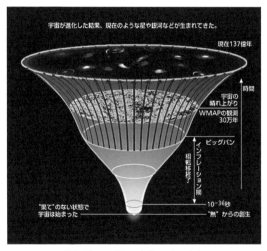

「ビッグバン理論」 出典:国立天文台

1-1　巨大恒星の核融合反応で生まれた鉄Fe元素

　自動車の主力材料である鉄は、いったいどのように地球上に誕生したのであろうか？　それは何と、宇宙の誕生にまで遡るのである。私たちが住んでいる宇宙は、今から137億年前に起きた「ビッグバン」と呼ばれる大爆発で生まれた、と考えられている。

　ロシア生まれの物理学者ジョージ・ガモフは、「宇宙の始まりは、すべての物質が小さな空間に密集しており、超高温状態であった」と考えた。ガモフが想定した超高温の「火の玉宇宙」では、まだ原子はできておらず、原子の構成要素である陽子（水素の原子核）・中性子・電子が、それぞれ猛スピードでバラバラに飛び回っている宇宙であった。「火の玉宇宙」では、陽子や中性子が融合し、ヘリウムの原子核（陽子2個、中性子2個）が大量につくられたのである。

　この反応は、宇宙誕生からわずか3分程度で終了した。その後宇宙は急激に膨張し、そして冷えていった。宇宙誕生38万年後に、宇宙の温度が約3000℃にまで下がると、電子が原子核に電気力で引き付けられ、水素原子H（原子番号1）とヘリウム原子He（原子番号2）ができたのである。「火の玉宇宙」の頃、電子はバラバラ

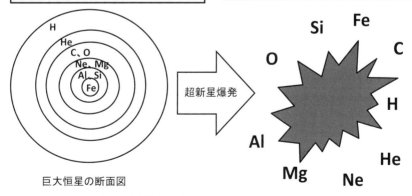

太陽の8倍以上重い巨大恒星は、中心部で核融合反応を繰り返し、ヘリウムから始まり最後は鉄元素までをつくる。鉄元素ができると、超新星爆発を起こし、壮絶な死を迎える。
巨大恒星は下図に示すように、最も軽い水素は最外側に存在し、He,C,Al,Feと重くなるのにつれて、より中心部に存在する。

超新星爆発により、巨大恒星は、H、He、C、O、Mg、Al、Si、Feなどの多様な元素を宇宙空間にまき散らした。

また爆発時の膨大なエネルギーによって核反応が起こり、巨大恒星中心部の核融合反応ではつくることができなかった、Feより重い銅Cuなどの元素も生成したのである。

巨大恒星の断面図

図1-1-1　巨大恒星の内部構造と超新星爆発

に飛び回っていたのであったが、この時期になると電子は速度を落とし、原子核の周りだけを回るようになったためであった。これを「宇宙の晴れ上がり」と呼んでいる。

　宇宙には最初、水素原子とヘリウム原子しか存在しなかったのだ。このようにして生まれた水素原子とヘリウム原子は、その後徐々に集まって、ガス状の雲となり、やがて恒星を造ったのである。水素原子やヘリウム原子が集まって恒星を造るメカニズムは、充分には解明されていないが、「ダークマター」と呼ばれる正体不明な物質が、これに関与していると、最新の物理学では考えられている。

　このように造られた恒星が集まって銀河が誕生し、銀河が成長して現在の宇宙に至ったのである。以上が現代物理学の２大理論である「一般相対性理論」と「量子論」を用いて考えた宇宙誕生の仮説である。この仮説に従うと、私たちの宇宙は、時間も空間も何もない「無（特異点）」から生まれてきた、ということになる（本章の扉の図を参照）。

　太陽と同じくらい（半分から８倍程度）の重さの恒星では、星の中心部で水素原子核が核融合反応を起こし、ヘリウム原子核をつくった。次にヘリウム原子核が核融合反応を起こして、炭素Ｃと酸素Ｏの原子核を生成したのであるが、これ以上の

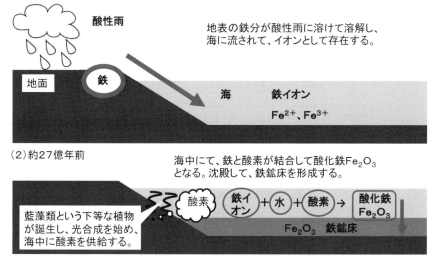

図１－１－２　地球で鉄鉱石鉱山ができるプロセス

核融合反応は進まず、鉄Feの原子核が生成されることはなかった。

　鉄をつくる能力を有していたのは、質量が太陽の8倍以上の巨大恒星だけであった。巨大恒星では、中心部の温度が一段と高くなるため、炭素の原子核が核融合反応を起こして、ネオンNe、ナトリウムNa、アルミニウムAlなどの元素を次々に生成していき、さらに核融合反応が進んで原子番号26の鉄Fe元素がつくられた。巨大恒星内部の核融合反応で生まれる元素は鉄までで、鉄より重い元素は生成されなかったのである。鉄は核融合反応の終着駅ともいえる（鉄より重い元素の生成過程については、6－3項で述べる）。

　恒星中心部に鉄ができると、核融合反応の燃料が尽きるため、巨大恒星は「超新星爆発」を起こして壮絶な死を迎える。超新星爆発により、巨大恒星は主成分である水素に加え、それまで中心部でつくってきたNe、Na、Al、Feなどの元素を、「星屑」として宇宙空間にまき散らした。この星屑の中の軽い水素とヘリウム元素が集まって、太陽ができたのだ。鉄などその他の元素は、太陽の赤道面に円盤状に集まり、それがさらに集積して地球などの惑星が誕生したのである。約46億年前に誕生した地球は、太陽に近いために比較的重い鉄などの元素が集まって形成されたのであった。

　地球誕生当時、大気には酸素がなく、二酸化炭素、塩化水素、窒素などで満たされていたため、大地には酸性雨が降り注ぎ、地表に存在していた鉄は雨水に溶けて、海中に流れ込んだ。その頃は海中にも酸素がなかったため、鉄はイオンとして海中に存在していた。

　約27億年前になると、藍藻類という下等な藻類が海中に誕生して、光合成によって海中に酸素を供給し始めた。その酸素は、海中でイオンとして存在していた鉄と結合して、酸化鉄（Ⅲ）Fe_2O_3となって沈殿し、堆積して海底に鉄鉱床を形成したのであった。そして約15億年前に、その海底の鉄鉱床が地殻変動で隆起し地上に現れて、いわゆる鉄鉱石の鉱山が地上に誕生したのである。

1－2　地球は、「鉄の惑星」

　前項で述べたように、巨大恒星が死を迎える際に起こす超新星爆発によって、宇宙にまき散らされた星屑である鉄Fe、ケイ素Si、酸素O、アルミニウムAlなどの元素が集まって、地球は誕生した。これらの元素の中で、質量換算で最も多く存在するのが鉄元素であり、地球の総重量の約35％を占めている。従って、地球は「鉄の惑星」である、ということができる。

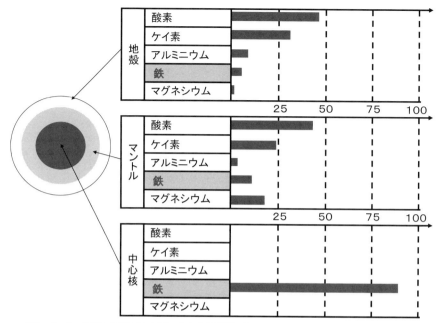

図1-2-1　地球における主な元素の存在比率(単位%)

　誕生間もない地球は、高温で内部が溶融状態であったため、重力による物質の移動が容易に進み、地球中心部から順に「中心核」「マントル」「地殻」と呼ばれる三つの層から成る構造ができあった。各層における元素の存在比率を図1-2-1に示したが、地中へ深くもぐるほど鉄の比率は高くなり、中心核では鉄がほとんどを占めているのである。

　地殻においても鉄は、酸素、ケイ素、アルミニウムに次ぎ4番目に多い元素である（地殻における元素の詳細な存在比率は図6-1-2「クラーク数」を参照）。海底にも鉄は無尽蔵に存在している。しかしその豊富な鉄も、現在の人類の技術で採掘が可能であるのは地表で鉄鉱石という形になっているものだけで、地球に存在する鉄のごく一部にすぎない。

　また地表の鉄鉱石も、地表に均等に存在しているわけではなく、地理的に限られた地域に集中して存在しているのである。その理由は、地球物理学の「プレートテクトニクス」（以降「プレート理論」と記す）によって説明できる。プレート理論とは、ドイツの学者ウェーゲナー（1880～1930年）が唱えた「大陸移動説」をベースにして、その後の科学的な調査によって体系化された、地球物理学の理論のことで

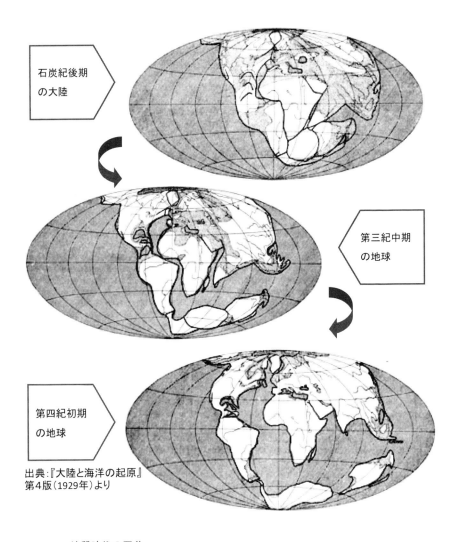

図1-2-2　大陸移動説とは

ある。

　1910年ウェーゲナーは世界地図を見ていて、大西洋を挟んで南アメリカ大陸の東海岸とアフリカ大陸の西海岸の両海岸線がよく似ており、パズル合わせのようにぴったりはまり合うことに気がつき、ここから彼は大胆にも「大陸移動説」を発想した。そして1912年に開かれたドイツ地質学会で発表し、1915年に『大陸と海洋の起原』の初版を発刊した。

　大陸移動説とは「約三億年前の石炭紀後期には、南・北アメリカ大陸は、アジア・ヨーロッパ大陸およびアフリカ大陸と密着し、その他オーストラリア、南極、インドなどもこれにくっついていて、全世界には一つの巨大な大陸であるパンゲア大陸が存在していた。パンゲア大陸はジュラ、白亜、第三紀と地質時代の進行とともに分裂を起こし、**図1-2-2**に示す歴史を経て現在の大陸の配置に至った。大陸が一塊であった頃は大西洋も太平洋も存在せず、パンゲア大陸を取り囲む一つの巨大な海洋だけがあった」とする説である。

　ウェーゲナーの死後、最新の地球物理学的調査によって、「大陸移動説」が正しいことが証明され、「プレート理論」として体系化されたのである。この理論に従うと、太古の地球では、現在のように大陸は五つに分断されておらず、海底にできた鉄鉱床を多く含んだ大陸が隆起して、たった一つの「パンゲア大陸」と呼ばれる非

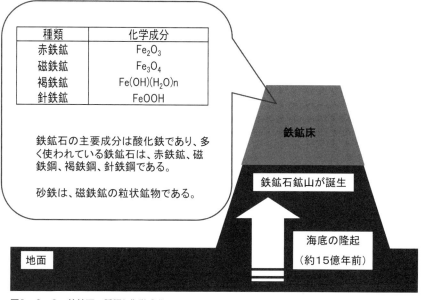

図1-2-3　鉄鉱石の種類と化学成分

常に大きな大陸を形成した。パンゲア大陸は、「鉄」資源を豊富に含んでいたのである。

その後、「プレート理論」が唱える通りに大陸の移動が始まり、とても長い時間をかけてパンゲア大陸は移動と分断を繰り返した。さらにそこに比較的新しい時代に生まれた鉄をあまり含まない地層が加わって、現在のような5大陸が形成されたのである。この結果、多くの鉄鉱石が堆積している太古代の鉄鉱床は、世界の各地に分散してしまい、残念ながら我々が住む日本列島には、配分されなかったのであった。

現在、世界で大規模に採掘が行われている鉄鉱床は、太古代に生まれた「縞状鉄鉱床」と呼ばれるものである。この鉄鉱床は、文字通り細かい縞状の断面構造をしている。海中には鉄だけではなくシリカ（SiO_2）も溶けており、光合成がより進む夏季には酸化鉄成分が沈殿、冬季にはシリカが沈殿し、交互に堆積したため縞状に見えるわけである。

鉄鉱石には**図1-2-3**に示すように赤鉄鉱Fe_2O_3、磁鉄鉱Fe_3O_4、褐鉄鉱$Fe(OH)(H_2O)_n$、針鉄鉱$FeOOH$などの種類がある。太古代に生まれた縞状鉄鉱床からは、地面から直接掘り起こす「露天掘り」により、大量に赤鉄鉱Fe_2O_3と磁鉄鉱Fe_3O_4が収穫できるのである。

1-3 「青銅器時代」から「鉄器時代」へ突入

鉄の歴史よりもずっと古い「青銅」は、紀元前3000年頃、初期のメソポタミア文明で発見された。イラン高原は銅鉱石と木材が豊富であった。ここの銅鉱石は錫を含んでおり、木材を燃料にして銅鉱石を溶鉱炉で熱し、還元して酸素を除去することによって、比較的簡単に青銅が得られたのであった。青銅とは、銅Cuを主成分とし錫Snを2～20%含む合金のことである。青銅は、その融点が約875℃と純銅に比べ200℃も低く（**図1-3-1**を参照）、溶けやすいため鋳造などの加工性に優れる。さらにその材質は、銅よりもずっと硬いため、「農具」や「壺」などに使われていたのであった。

紀元前2000年の頃までに、青銅は「武器」に用いられるほど普及した。古代ギリシアの詩人ホメロスの叙事詩に語られるトロイ戦争では、青銅製のよろいと盾で身を守った兵士たちが、青銅の刃先のついた槍を投げ合ったという。そして青銅製の武器を持たない国の軍隊は、青銅製の武器を持つ国の軍隊に、太刀打ちできな

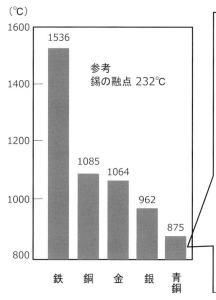

図1-3-1　主な金属の融点　　図1-3-2　青銅とは

かったのである。

　青銅を製錬する鍛冶屋は、現在に例えると遺伝子生命学者や宇宙物理学者のように、知的でしかも威信を持っており、一般の人から畏敬の念を抱かれる存在であった。ギリシア神話に出てくるヘファイストスと呼ばれる神は、鍛冶場の神である。ここからスミス(Smith)という名前は、鍛冶屋を意味するようになった。スミスは、現在欧米で最もポピュラーな名前になっている。

　青銅器時代の人々は、青銅よりもずっと硬い金属、鉄をある日偶然見つけたのであった。天から降ってきた隕石のかけらが、鉄であったのだ。しかし青銅器時代の人々は、鉄鉱石から鉄をつくる方法を、まだ知る由もなかった。鉄の融点は1536℃で、青銅の融点よりも遥かに高いため、彼らが知っていた青銅であれば溶かすことができる溶鉱炉の技術では、加熱エネルギーが不足しており、鉄を溶かす温度にまで昇温できなかったのである。

　地殻においても鉄の存在量は、酸素、ケイ素、アルミニウムに次いで多い元素である。しかし、存在量が少ない金や銅よりも鉄の発見と利用が遅れたのは、鉄の製錬がとても困難な技術であったからだ。酸化鉄の融点以上の温度を獲得するためには、大量の燃料と送風装置(ふいご)を持つ炉の設計技術が必要であった。

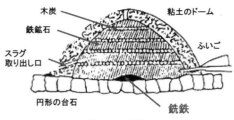

Fe_2O_3（鉄鉱石）$\Rightarrow$ Fe（鉄）

鉄鉱石と木炭（還元剤、酸素を奪うもの）を交互に重ね、下側から空気を送って木炭を燃焼させている。現在の溶鉱炉（図1-4-1を参照）の原型と言える構造になっている。

イラストの出典：愛媛大学の資料

ヒッタイト人は歴史上、民族的にも、文化・文明的にも、非常に重要であると考えられているが、その全容はまだ解明されておらず、謎に満ちた民族である。ヒッタイト人の主要な活動は商業であると同時に、優秀な戦士でもあり、多くの包囲攻撃の戦略を生み出したとされている。ヒッタイト帝国の最盛期は紀元前1600年代から1200年とされている。

地図の出典：JP-TRホームページ

図1-3-3　　ヒッタイト人が考案した鉄の溶鉱炉

　鉄の製錬技術は、紀元前1500年頃小アジアに栄えた、ヒッタイト人によって発明されたのである。当時のヒッタイト王が書いたとされる手記には、鉄の製造方法について記録されている。ヒッタイト人による鉄の発見は、人類の歴史にとってターニングポイントとなる出来事であった。「青銅」の武器を持つ国の軍隊は、「鉄」の武器を持つ国の軍隊にとても太刀打ちできなくなり、鉄器時代に突入したのであった。

　図1-3-3に、ヒッタイト人が考案した鉄の溶鉱炉の断面図を示した。円形の台石の上に、ドーム状の溶鉱炉が築かれている。鉄鉱石と木炭とを交互に積み重ね、その上に粘土でドーム状に被覆して、断熱している。下側から「ふいご」で空気（酸素）を送ることで、燃焼熱量を増し温度を上げている。現在の溶鉱炉（次項を参照）の、原型ともいえる構造になっているのである。

　ヒッタイト人は、溶鉱炉でつくられた鉄を、木炭に混ぜて熱してハンマーで叩くことを繰り返すことにより、青銅よりも硬くて強い鉄ができることを発見した。強い鉄を手にしたヒッタイトは、紀元前1350年頃には当時の強国であったミタンニ

王国をはじめ、次々に四方の国々を征服していったのである。

　ヒッタイトの周辺の国々は、ヒッタイトに鉄を売るように求めたため、当時の鉄の値段は金の10倍以上であったといわれている。ヒッタイト人は鉄の製法を秘密にし、鉄の生産を独占していたのであったが、紀元前1200年頃ギリシアに攻撃されて滅んでしまった。これを機に、ヒッタイト人が秘密にしていた鉄の製造方法は、周囲の国々に知れ渡ってしまったのである。

　ところで、人類が最初に見つけた金属は「金塊」か「銅塊」であったとされており、金や銅を「探す」という意味のギリシア語が、「metal」の語源であるといわれている。

1－4　鉄鉱石から酸素原子を取り除く「溶鉱炉」

　海底にできた鉄鉱床は、隆起して地上に現われて鉄鉱石鉱山となった。人間はその鉄鉱石鉱山を発見して、ここから鉄の原料である鉄鉱石を採掘しているのである。一口に鉄鉱石と言ってもその中には、さまざまな種類がある（**図1-2-3**を参照）。わが国では、かつて「砂鉄」（Fe_3O_4、磁鉄鉱の粒状物質）を原料として用いて、日本独自の「たたら製鉄」により日本刀などを生産していた。しかし現在では、ほとんどの国が、露天掘りで大量に採掘できる「赤鉄鉱」を鉄の原料としている。

　赤鉄鉱は文字通り赤色をした鉱石で、酸化鉄（Ⅲ）Fe_2O_3を主成分としている。鉄が錆びると赤くなるが、鉄が錆びた状態で固まったものが赤鉄鉱なのである。Fe_2O_3から鉄Feを取り出すためには、酸素O原子を取り除く、つまり化学的に「還元」（酸化の反対）をする必要がある。この還元を実行する工業的なプロセスが、いわゆる「溶鉱炉」（**図1-4-1**を参照）で、世界で最も多い化学プラントであるといわれる。

　Fe_2O_3を還元して鉄Feをつくるためには、原料としては「鉄鉱石」の他に、「コークス」と「石灰石」が必要になる。コークス（石炭を蒸し焼きにして炭素C成分だけを残した燃料）は、酸素と反応して燃焼熱を発生させ溶鉱炉を高温にする「燃料」としての、また赤鉄鉱Fe_2O_3から酸素Oを取り除く「還元剤」としての、二つの重要な役割を果たしている。これら三つの原料は、溶鉱炉の上部、中部、下部でそれぞれ異なる化学反応を起こしている（**図1-4-2**を参照）。

　溶鉱炉の上部においては、融けた鉄鋼石は比重が大きいので、重力によって少しずつ下方に流れてくる。**図1-4-2**の①式に示すように還元ガスの一酸化炭素COは、赤鉄鉱Fe_2O_3から酸素を奪って二酸化炭素CO_2となり、上方へ排出されていく。溶

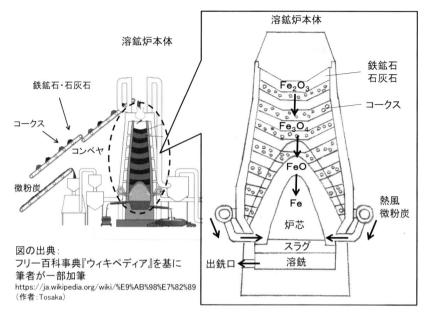

図1-4-1 「溶鉱炉」のプロセス概要

鉱炉の中部においては②式に示すように、コークスCと二酸化炭素CO_2が反応して、還元ガスである一酸化炭素を生成するのである。溶鉱炉の下部の「炉心」においては③式に示すように、コークスCが酸素O_2と反応して燃焼し、二酸化炭素CO_2を生成するのと同時に、発熱して「熱エネルギー」を供給している。そして最終的には、溶鉱炉の底に鉄が得られるのである。

図1-4-1に示すように、まず溶鉱炉の最上部にコンベヤによって、原料の鉄鉱石・石灰石とコークスを交互に層をなすように供給し、その後、この層状態を壊さないようにして原料を炉内で下降させる。一方溶鉱炉下部の炉心には、コークスと同様に還元剤の役割を果たす微粉炭を、熱風とともに供給する。この熱風（酸素）によって、微粉炭やコークスが燃焼して二酸化炭素CO_2となり（③式）、さらには一酸化炭素COなどの高温の還元ガスを発生させるのである（②式）。

そして、この還元ガスが激しい上昇気流となって炉内を噴き昇り、炉内を下降する鉄鉱石を溶かしながら酸素を奪い取っていくのである。溶けたFe_2O_3はコークスの層内を滴下しながら、コークスの炭素と接触してさらに還元される。このようにして還元反応が進み、酸素O原子が取り除かれ、炭素5％弱を含む溶けた鉄となり、溶鉱炉の最下部に溜められる。これが、鉄鋼製品の素材である「銑鉄」なのである。

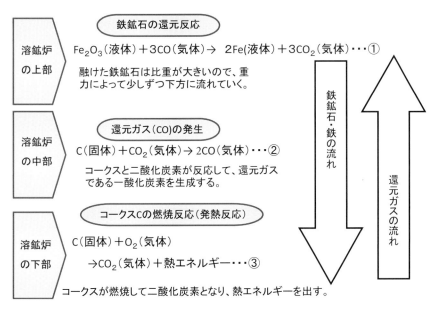

図1−4−2 溶鉱炉本体内での主な化学反応

ところで、鉄鉱石とセットで溶鉱炉に供給される石灰石は、いったいどんな役割を果たしているのであろうか？ 石灰石の主成分は炭酸カルシウム $CaCO_3$ である。実は赤鉄鉱の中には、Fe_2O_3 以外にも不純物である多くの砂が含まれている。砂の主成分はシリカ SiO_2 でる。このシリカを除去するために、石灰石 $CaCO_3$ の助けが必要なのである。$CaCO_3$ はシリカと次式の反応を起こす。

$CaCO_3 + SiO_2 \rightarrow CaSiO_3 + CO_2$

この化学反応により、ケイ酸カルシウム $CaSiO_3$ と CO_2 が生成される。ケイ酸カルシウム $CaSiO_3$ は「スラグ」と呼ばれている。$CaSiO_3$ は常温では固体であるが、溶鉱炉内の高温環境下では液体の状態になっている。ケイ酸カルシウムは、鉄よりも比重が小さいため、溶けた鉄の上に浮いた状態で漂っている。それを除去して、溶けた銑鉄（溶銑）だけを採取するわけである。このように、溶鉱炉でつくられた銑鉄は、C原子を多く含んでいるため（5％弱）、「硬いけれども脆い」という欠点を有した材料である。銑鉄は、次工程の製鋼プロセスで、強靭な鋼に精錬されるのである。

1-5 ベッセマーが開発した革命的な製鋼法「転炉」

「製鋼工程」とは、過剰なC原子を取り除くとともに、ケイ素やリンなどの不純物も除去することにより、強靭な鋼(はがね)を生み出すプロセスのことである。製鋼プロセスは三つの工程から成るが、その最初の工程は、洋梨のような形をした「転炉」で行われる（**図1-5-1**を参照）。前工程の「溶鉱炉」でつくられた溶けた銑鉄（溶銑）を「転炉」に注入して、その溶銑の中に、大きな圧力で酸素を吹き込んで溶銑を攪拌するのである。

酸素O_2は、銑鉄中の炭素C、ケイ素Si、リンPなどと化学反応を起こす。炭素は**図1-5-1**の①式に示すように、気体の一酸化炭素COあるいは二酸化炭素CO_2に化学変化し、気体であるため転炉の上方から除去される。またケイ素やリンは、②式と③式に示す化学反応を起こし、酸化固形物を生成して溶銑の上に浮かぶ。これを取り除くことにより、低炭素で不純物の少ない「鋼」に精錬されるのである。

転炉は1856年に、英国の技術者ベッセマー（1813～1898年）が開発した工業装置である。それまでは非常に手間暇かけて鋼をつくっていたため、鋼は貴金属並みに高価であった。しかし彼の画期的な発明で安価な鋼が大量生産できるようになっ

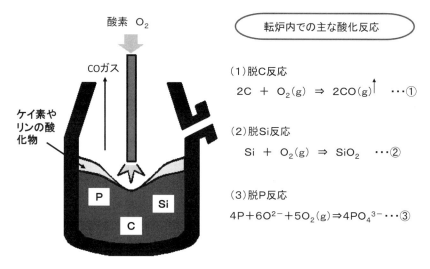

図1-5-1 「転炉」の構造と転炉内での主な酸化反応

ため、橋、建築物、鉄道レールなどに用いられるようになり、世界は「銑鉄の時代」から「鋼の時代」へと変わっていったのである。

ベッセマーが開発した「ベッセマー転炉」は、転炉の「底」にノズルを設けて「空気」を吹き込む方式であった。しかし空気中には窒素が5分の4も含まれており、その窒素が溶融銑鉄の温度を下げるという悪影響を及ぼした。そのため、空気から酸素を分離できるようになってからは、「純酸素」を用いるようになったのである。また現在では酸素を吹き込む位置も、ベッセマー転炉の「底」ではなく、「上側」から吹き込む方式が主流になっている。空気から酸素を分離するためには、空気の液化技術の開発が必要であった。

19世紀半ばの時点では、水素、ヘリウム、窒素、酸素などの軽い元素は、どんなに加圧してもどんなに低温にしてもけっして液化しない気体、「永久気体」であると考えられていた。それに対してイギリスの化学者アンドリュース（1813～1885年）は、1876年に酸素と窒素の液化に成功した。酸素の臨界温度−118℃、窒素の臨界温度−149℃以下の低温環境をつくることで、液化に初めて成功したのである。

転炉は回転できる炉であるが、回転できる炉だから「転炉」というのではなく、銑鉄を鋼に転換する炉、つまり「転換炉」を本来意味する。転炉の操作法の一つ

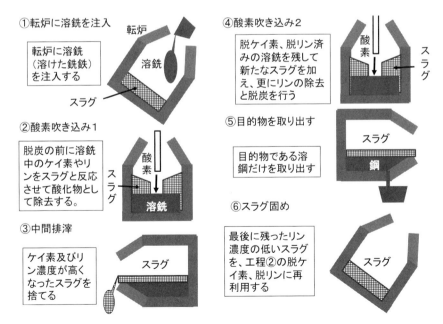

図1−5−2　一次精錬　転炉によるMURC(Multi Refining Converter)法の工程概要

であるMURC法の工程概要を、**図1-5-2**に示した。工程は次の6工程から成っている。

①転炉に溶けた銑鉄を注入する最初の工程。②酸素吹き込み1：脱炭精錬の前に溶銑中のケイ素やリンを、酸化カルシウムを主成分とするスラグと反応させて酸化物として除去する。③中間排滓：ケイ素およびリン濃度が高くなったスラグを一度捨てる。④酸素吹き込み2：脱ケイ素、脱リン済みの溶銑を残して、新たなスラグを加え、更にリンの除去と脱炭を行う。スラグは、鋼中の不純物を除去するために不可欠な物質で、溶剤の役割をする（溶鉱炉で生じるスラグとは成分が異なる）。⑤目的物である溶鋼だけを取り出す。⑥スラグ固め：工程④で使ったリン濃度の低いスラグを残しておき、工程②の脱ケイ素、脱リンに再利用する。このように2回スラグを使って、1回しか捨てないことで、鋼の純度を高めると同時に、スラグの排出量を抑えコスト削減が可能となるわけである。

以上のように、銑鉄は転炉で1次精錬されて鋼になるのであるが、それでもまだ微量の酸素や不純物が残っている。そこで2次精錬で、これらの残留不純物を除去するのと併せて、鋼の諸性質を決定する成分元素を添加し濃度調整を行う。

2次精錬では炉を使用せず、溶鋼を搬送する取鍋（**図1-6-2**を参照）を用いる。最近広く採用されている「真空脱ガス法」は、取鍋中に2本の浸漬管を備えた真空槽を装着して、一酸化炭素、窒素、水素などの不要なガス成分を、脱気除去する方法である。真空槽の中では気圧は小さいので、溶鋼中に含まれる気体は、栓を開けたときの炭酸飲料水の二酸化炭素のように、泡のごとく湧き出してくる。

「温度が一定であれば、気体が液体に溶け込む量はその気体の圧力に比例する」という「ヘンリーの法則」を応用した脱気技術である。最近は、アルゴンガスなどの不活性ガスを吹き込んで、溶鋼を還流させて、脱気効率のさらなる向上を図る方法が採用されている。

1－6　製鋼プロセスの仕上げの工程、「連続鋳造」

「転炉」による1次精錬、「真空脱ガス」による2次精錬を終えた鋼は、製鋼プロセスの最後の工程である「連続鋳造」に送られる。この工程で、液体の溶鋼は鋳型で冷却されて、固体の鋼片になるのである。以前は非連続的なバッチ運転で、溶鋼を金型に流し込んで、自然に冷やして固めた鋼の塊を、再び加熱して分塊圧延機（鋼塊を加熱し、製品圧延に適した形状の鋼片をつくる分塊作業用の圧延機）で圧延して鋼片をつくっていた。

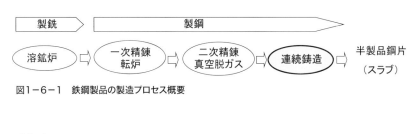

図1-6-1　鉄鋼製品の製造プロセス概要

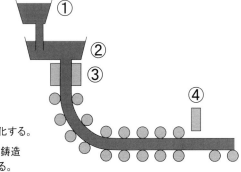

① 「取鍋」
最上部にある取鍋に溶鋼を注入する。溶鋼中にある不純物が浮かぶので、それを除去する。

② 「タンディッシュ」
溶鋼は取鍋の底部から下のタンディッシュへ注がれる。ここでも不純物を浮かせて除去する。

③ 「鋳型」‥鋳型は銅でできており水冷されている。溶鋼が冷却固化する。

④ 「ガス切断機」‥鋳型で厚板状に鋳造された鋼を適度な長さに切断する。

図1-6-2　連続鋳造工程の概要

　しかし1970年代以降になると、溶鋼から直接鋼片をつくる「連続鋳造法」が普及した。従来の非連続バッチ法に比べて、①造塊工程省略による生産性向上が図れる、②溶鋼の熱を効率的に活用でき省エネルギー化が図れる、という二つの観点で非常に優位なため、今日ではほぼこの工法に置換されている。連続鋳造工程の目的は、半製品である鋼片を生産することと併せて、鋼中の不純物をさらに除去することにある。酸化物などの固体の不純物は、鋼材の強度を低下させるだけでなく、加工性や耐疲労性も低下させるのである。

　そのために、連続鋳造工程で溶鋼が固まるまでに（固化してしまうと不純物の除去は不可能となる）、不純物をできるだけ浮かせて除去しなければならないのである。溶鋼中の不純物を徹底的に除去するために、従来からさまざまな工夫がされている。半製品である鋼片の製造方法と併せて、不純物除去技術について次に説明する。

　連続鋳造工程は、次に説明する（1）から（4）の四つの設備で構成されている（**図1-6-2**を参照のこと）。

（1）「取鍋（とりべ）」：取鍋とは、溶鋼を運ぶ容器のことである。転炉による1次精錬、真空脱ガスによる2次精錬を終えた溶鋼は、取鍋に入れられる。そして取鍋の中で、溶鋼中の不純物を浮かせ、それを除去するのである。肉を茹でたときに湯面に発生する灰汁（あく）を除去するやり方に類似している。その後取鍋は、連続鋳造工程の最上部に運ばれる。

（2）「タンディッシュ」：最上部に運ばれた取鍋の底部の出口から、重力により流された溶鋼は、堰（せき）によって分割されたタンディッシュと呼ばれる容器に一度蓄えられる。その後溶鋼は、さらにタンディッシュ底部の出口から、下の鋳型に流れるのである。タンディッシュは、いくつかの堰によって区分けされた貯蔵部分を有しているため、溶鋼の滞留時間がより長くなる分、より多くの不純物が表面に浮上するわけである。タンディッシュの滞留時間が長い分だけ、溶鋼の冷却が進行するため、それを抑制するためにアルゴン、酸素、窒素などのプラズマ化した高温気体で、部分的に溶鋼を加熱し、高温を保持している。

（3）「鋳型」：タンディッシュの底部から出た溶鋼は、下方の「鋳型」へと注入される。鋳型は銅製で、冷却水で精密に温度制御がなされている。鋳型内壁に接触した溶鋼は、鋳型との接触面（溶鋼にとっては外側）から急冷されて、結晶化

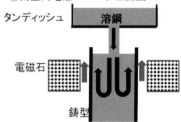

①鋳型内電磁ブレーキ 正面図

タンディッシュから鋳型内に流入し、重力により落下する溶鋼に対して、重力と反対方向に「磁界」を発生させてブレーキをかけ、落下速度を抑制する。これにより不純物は、表面に浮上しやすくなるわけである。

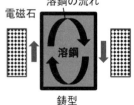

②鋳型内電磁撹拌 上面図

鋳型内の「磁界」を回転移動させることで、溶鋼に水平方向の流れをつくり、最初に固まる外側に、不純物が溜まったまま固まることを抑制する。

図1-6-3 不純物を浮かせて除去するための工夫

（固化）する。微細な結晶は、つながりあって大きな樹枝状晶（デンドライト、複数に枝分かれした樹枝状の結晶）へと成長する。

　鋳型の垂直部分の長さを、可能な限り長くとることによって、より多くの不純物が表面に浮上するように鋳型は設計されている。さらに多くの不純物を除去するために、鋳型では次の二つの技術が用いられている（**図1-6-3**を参照）。いずれも鉄（溶鋼）が磁性材料である性質を応用しているわけである。2－5項でも述べるように、地球上に存在する物質の中で、「強磁性体」を示す元素は鉄、ニッケル、コバルトの三つだけなのである。

①鋳型内電磁ブレーキ：タンディッシュから鋳型内に流入し、重力により落下する溶鋼に対して、重力と反対方向に「磁界」を発生させてブレーキをかけ、落下速度を抑制する。これにより不純物は、表面に浮上しやすくなるわけである。

②鋳型内電磁撹拌：鋳型内の「磁界」を回転移動させることで、溶鋼に水平方向の流れをつくり、最初に固まる外側に、不純物が溜まったまま固まることを抑制する。

（4）「ガス切断機」：鋳型で厚板状に鋳造された溶鋼は、ロールで送られながら外側から冷却されて固化が進み、最後にガス切断機で適度な長さに切断されて、「スラブ」と呼ばれる中間製品がつくられる。

1－7　鉄の塑性加工の基本「熱間圧延」

　製鋼プロセスの最終工程である「連続鋳造法」でつくられた半製品スラブ（厚さ250mm程度）は、あらゆる自動車鋼板の「素材」となるものである。この大本の素材である半製品スラブから、「熱間圧延」工程を経て、さまざまな鋼板がつくられるのである（**図2-1-2**を参照）。「熱間圧延」とは、加熱した素材をロールで上下に挟んで押し延ばすことで、鉄鋼材料の「塑性加工」の基本となる工程である。

　「塑性」とは、「固体に、ある限界以上の力を加えると連続的に変形し、力を除いても変形したままで元に戻らない性質」のことである。「塑性」の逆が「弾性」で、弾性とは、「物体に外力を加えれば変形し、その力を取り除けば元に戻る性質」のことである。

　連続熱間圧延工程は**図1-7-1**に示すように、2から3のスタンドからなる「粗圧延機」と、6から7のスタンドからなる「仕上げ圧延機」とで構成され、これらの設備は一直線上に配置されている。1200℃くらいに加熱した厚肉状の半製品スラブを、複数の圧延機で連続的に圧延し、1.2～19mm程度まで薄くした後に、巨大な

図の出典:日新製鋼資料を基に筆者が一部加筆

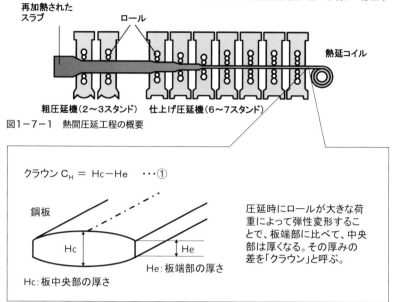

図1－7－1　熱間圧延工程の概要

図1－7－2 クラウンとは

トイレットペーパーのようなコイル状に巻き取るのである。最終スタンドでは、時速100km近い高速で鋼板が走る。

固形物をロールで延ばすという意味では、練った「うどん粉」を「麺棒」で薄く平らに延ばす原理と類似しているのであるが、相違点が二つある。一つ目は、「うどん粉」は非常に柔らかい物質であるのに対して、鋼は非常に硬い物質であることである。たとえ1200℃の高温に再加熱しても、鋼を「塑性変形」させようとするロールに対して、幅1mm当たり2トン近い荷重を生じさせる。板幅が50cmだとすると、約1000トンという大きな荷重が生じ、この荷重によってロールが「弾性変形」してしまうのである。

二つ目は、木製の麺棒はうどん粉より圧倒的に硬いのであるが、鋼よりも圧倒的に硬いロール素材は世の中に存在しないことである。この二つの理由により、鋼板を圧延する際には、板端部に比べ中央部が厚くなる「クラウン」と呼ばれる現象(**図1-7-2**を参照)が発生するのである。4段式圧延機でクラウンが発生するメカニズムを、以下で説明する。

4段式圧延機は、実際に鋼材を圧延する上下の「ワークロール」2本と、それを支える2本の「バックアップロール」の、計4本のロールで構成されている。板を薄くするために、押さえつける力を大きくすると、それに伴い大きな荷重が発生するため、ワークロールおよびバックアップロールが弾性変形し、幅中央部を中心にして弧の字状に変形する（**図1-7-3**を参照）。このように変形したワークロールで圧延された鋼板は、必然的に中央部が厚く端部が薄くなるわけである。

　電気自動車やハイブリッド車の駆動モータに使われる電磁鋼板（2-5項を参照）は、鉄心用に非常に多くの枚数の鋼板を積層して使われているが、クラウン値が大きいと、重ねた鋼板の間に隙間ができるため、電磁力の効率が低下する。そこでクラウン値を抑制するために、4段式圧延機のワークロールおよびバックアップロールの間に、中間ロールを入れてワークロールの変形を抑える「6段式圧延機」が、開発されている。

　また、クラウン値を抑制する別の機構として、上下のワークロールとバックアップロールをクロスさせることで、幅中央部の圧力を強くしてクラウン値を小さく抑える「ペアクロスミル」と呼ばれる圧延機も開発されている。

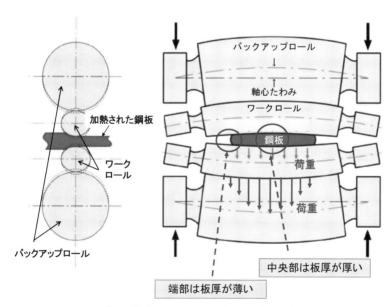

図の出典：公益財団法人JFE21世紀財団資料を基に筆者が加筆

図1-7-3　「クラウン」発生のメカニズム：4段式圧延機でのロール弾性変形

ところで、鉄をつくる仕事を「鉄鋼業」と呼んでいるが、鉄鋼業を生業としている企業は、①高炉メーカ、②特殊鋼メーカ、③電気炉メーカ、④単圧メーカ、⑤伸鉄メーカに大別される。

　高炉メーカは「溶鉱炉」を持ち、製銑から製鋼、各種圧延までを一貫して行う大規模な企業である。②特殊鋼メーカは、溶鉱炉を持たず、鉄くずを主原料として「電気炉」で、高度な合金設計がなされた「特殊鋼」を生産する企業である。③電気炉メーカは、溶鉱炉を持たず、鉄くずを主原料として「電気炉」で、「普通鋼」を生産する企業である。④単圧メーカは、薄肉の素材を購入して、再圧延、表面処理、製管などを行う企業である。⑤伸鉄メーカは、船舶やビルなどの解体で出る鉄くずを再圧延する企業である。

第 2 章
自動車で使われる「鉄鋼材料」

車体骨格における高強度鋼板(ハイテン材)の適用:マツダデミオの例

2-1　成形性に優れた「より軟らかい鋼板」を求めた時代

　日本の鉄鋼業における薄肉鋼板の歴史は、自動車産業の発展の歴史と重なる。薄肉鋼板は、①自動車の外板パネル、②車体骨格、③シャーシ（足回り部材）、など非常に多くの部品に用いられている。「自動車の生みの親」と称されるドイツのカール・ベンツ（1844～1929年）が1885年にガソリン自動車を発明して以来、自動車の鋼板部品の製造方法は、当初は生産数量が少なかったため「板金の叩き出し加工」が主流であった。しかし20世紀に入るとアメリカにおいて、「自動車の育ての親」と称されるヘンリー・フォード（1863～1947年）は、「フォードシステム」と呼ばれる大量生産技術を確立したのであった。

　このシステムは、流れ作業による大量生産のことで、オートメーション方式とも呼ばれている。多種類の部品が、一定の速度で動く最終組み立てラインの各工程に供給され、自動車が次々に完成していくシステムである。それまでは流れ作業でなく、作業者が一ヵ所に群がってクルマを組み立てるという、非効率的な生産方式を取っていた。フォードは、1908年に発売したT型フォードを大量に生産するために、このシステムを世界で初めて構築したのである。

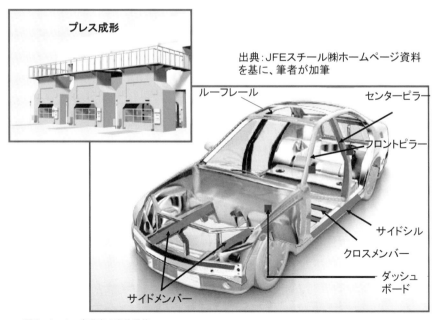

図2-1-1　自動車の車体骨格

このように自動車の組み立て方法が、流れ作業による効率的な大量生産方式に切り替えられていく中で、鋼板部品の製造方法も、手造りの「板金の叩き出し加工」から、大量生産に適した「プレス成形」へと、代替されていったのであった。

　日本においても、生産性向上（プレス成形の高速化）とコスト低減（金型数の削減）を指向し、自動車鋼板にはより複雑な形状での成形性向上が要求された。この要求に応えるために、当初は鋼板をできるだけ軟らかくして、成形性向上や金型への転写性向上を図ったのである。鉄鋼業界は、製鋼、熱間圧延、冷間圧延、焼鈍しなどの薄肉鋼板の製造プロセスにおいて、「より軟らかい鋼板」の製造を最大のテーマに掲げ、技術開発に取り組んできたのである。その取り組みは、「硬い」という鉄本来の特徴を捨てる歴史であった、ということができるのである。

　現在では、外板パネルには「成形性」を最重点に、車体骨格やシャーシには「高強度（ハイテン）化」を最重点に置きながら、その両立が求められている。しかし、この時代に鋼板を「軟らかくするため」に生み出された多くの生産技術が、現在求められている「高強度鋼板（ハイテン材）」の基盤になっているのである。鉄は純鉄に近いほど軟らかくなる。軟らかさを阻害する要因は、「炭素」と「不純物」で、これを取り除くためにさまざまな生産技術が、第1章で説明した「製鋼工程」で、開発されてきたのである。

　自動車用鉄鋼材料の、製造方法の概要を**図2-1-2**に示す。自動車の「冷間圧延鋼板」は、熱間圧延、酸洗、冷間圧延、焼鈍し、という一連の工程を経て得られる。熱間圧延鋼板が主に厚肉製品に用いられているのに対して、冷間圧延鋼板は板厚精度や表面品質に優れるため、主に薄肉製品に用いられている。熱延コイルは、酸洗された後に、冷間圧延工程に送られる。「冷間」とは、特別に冷却するという意味ではなく、熱を加えないという意味である。冷間圧延工程では、強力な加圧力を有する冷間圧延機（「コールドストリップミル」とも呼ばれる）のローラーに、鋼板を通して、薄く延ばしていく。冷間圧延により1mm以下まで薄くすることが可能である。冷間圧延後の鋼板は、硬度が増大するため成形性が悪化する。そのため連続焼鈍設備によって「焼鈍し」が行われる。

　「焼鈍し」とは、熱処理操作の一つで、鋼材をある温度に加熱した後、ゆっくりと冷却させる熱処理のことである。これにより内部応力を除去し、あるいは、内部組織を均質化する（結晶方位をそろえたり、鋼板に溶け込んだ固溶炭素をセメンタイトとして固定無害化する）ことで、鋼材を軟質化させるのである。

　この焼鈍し工程の条件を最適化することで、軟質鋼板（引張強度270〜310MPa）

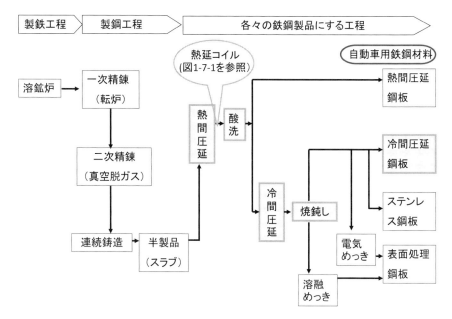

図2-1-2　自動車鉄鋼材料の製造工程の概要

では、圧延工程で発生した「ひずみ」を開放して組織を軟質化させている。一方、高強度鋼板（引張強度340MPa以上、ハイテン材と呼ばれる）では、高度な技術を用いてミクロ組織の制御を行って、機械的特性のコントロールを図っているのである（次項を参照）。一般的に、冷間圧延後に焼鈍し処理をされた鋼板を「冷間圧延鋼板」という。

2-2 「成形性」と「高強度」の両立を目指す「ハイテン材」

　軟らかさへの挑戦から始まった自動車薄肉鋼板の開発は、その後の時代ニーズの変化とともに、燃費向上のための「軽量化」と「衝突安全性」の向上が加わり、「成形性」と「高強度（ハイテン）化」の両立が求められるようになったのである。鉄の高強度の手法として、当初はマンガンMnやケイ素Siなどの元素を添加して材質を硬くする「固溶強化」という技術手段が用いられたのであったが、440MPa程度が限界であるということがわかり、しかも材料費が高くなってしまった。

　そこで、複合材料の設計でよく用いる「軟らかい材料と硬い材料を混ぜる」という考え方、つまり「成形性のよい軟らかい部分」と「硬くて強い部分」が、鋼板内にミクロ的に混ざった状態で共存する「複合組織」という考え方が、鉄鋼材の設

西暦	ニーズ	対応技術
1970年	軟らかい鋼板	◎軟質鋼
1980年	「成形性」と「強さ」の両立	◎固溶強化ハイテン
1990年		◎複合組織ハイテン・DP鋼
2000年	「成形性」と「衝撃強さ」の両立	・TRIP鋼
2010年		◎DP型超ハイテン ・980鋼
		・1180鋼

図2-2-1　自動車の薄肉鋼板のニーズと対応技術

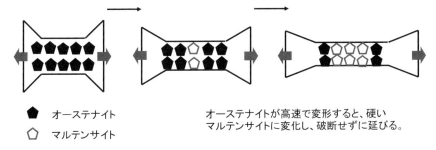

● オーステナイト
○ マルテンサイト

オーステナイトが高速で変形すると、硬いマルテンサイトに変化し、破断せずに延びる。

図2-2-2　TRIP (Transformation Induced Plasticity)鋼の延性メカニズム(衝突変形時)

計でも採用されるようになった。1980年以降、この「複合組織」という考え方が、自動車鋼板の材料開発の基本となったのである。

複合組織材料として、最初に開発されたのが**図2-2-3**に示すDP(Dual Phase)鋼で、「軟らかいフェライト」と「硬いマルテンサイト」の二つの組織を、鋼板内にミクロ分散させた材料である。鉄は高温から低温に冷却される過程で、結晶構造が変化する。フェライトは650〜850℃の高温で生成する。一方で、マルテンサイトは300℃以下の低温で生成する。

普通であれば、熱処理工程の高温下では、軟らかいフェライトが生成するのであるが、DP鋼をつくるときには、すべてをフェライトにせずに、作為的に少しだけフェライトにならない組織（オーステナイト）を残しておくのである。

これが複合組織化するための、技術の重要ポイントなのである。その後材料を急冷することで、オーステナイトを硬いマルテンサイトに変態させるのだ。このように、熱処理の冷却過程の冷却速度を制御することで、「軟らかいフェライト」と「硬いマルテンサイト」の二つの組織がミクロ分散した、DP鋼が誕生したのであった。

また衝突安全性が求められる部品に用いられる鋼板には、プレス成形（静的変形）

時には軟らかい状態を保ちながらも、それが部品になって衝突（動的変形）する時には、一瞬にして硬くなる鋼板が理想である。本来、鉄は高速で変形すると、強度が高まる性質を持っている。この性質をさらに高めたのが、**図2-2-2**に示すTRIP鋼である。「フェライトとオーステナイトを常温で共存させると、変形時にオーステナイトが硬いマルテンサイトに変化するため、破断せずに延びる」という原理を、応用しているのである。

このように時代のニーズの変化を受けて自動車の鋼板は、「軟質鋼」から「固溶強化ハイテン」に、さらにはDP鋼やTRIP鋼の「複合組織ハイテン」に進化してきたのである。

本章の扉に、車体骨格におけるハイテン材の適用例を示した。最近では、自動車の軽量化を図るために、部品の薄肉化が図れるハイテンの採用が、車体骨格と足回り部品で増加している。2016年現在、車体骨格用として590〜980MPaのハイテンが主に用いられており、980MPaを超えるハイテンも一部の部品に採用されている。車体骨格の4〜6割程度がハイテン化されており、これにより8〜15％の軽量化が図られているのである。

980MPaを超える強度を得るには、硬質分の比率を上げるか、炭素量を上げて硬

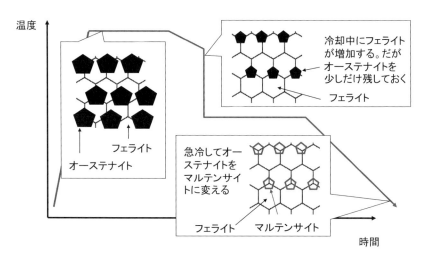

図2－2－3　DP鋼の温度変化による組織変化

質相の硬度をさらに上げる必要がある。しかしこのような超ハイテン化は、プレス成形性（スプリングバックなどの寸法精度）の悪化とともに抵抗スポット溶接性も悪化する。これらの技術課題を解決しないことには、超ハイテンを自動車部品に採用することは困難になる。そこで、従来の「絞り加工」から、スプリングバックの起こりにくい「曲げ加工」での塑性加工技術の開発や、パルス式レーザ溶接技術を開発するなどの、生産技術の開発が並行して進められているのである。

　サスペンションなど自動車足回り部品には、車体骨格に比べ厚板の部品が多いため、590MPa級の熱間圧延ハイテンが主に用いられている。自動車の外板パネルに求められる特性は、①外観品質②張剛性③耐デント性（石はねによる凹発生防止）である。この中で、ハイテン化で改善できるのは、③耐デント性だけである。①に係わる面ひずみは、降伏強度が高いほど発生しやすく、また②の張剛性は材料のヤング率（薄鋼板の場合はほぼ一定）と板厚、形状（曲率半径）で決まり、ハイテン材を用いて薄肉化すると低下する。このため外板パネルは、自動車部品の中ではハイテン化が進みにくい部品群となっている。

2−3　ハイテンのライバル「ホットスタンプ法」

　鉄の代表的な材料組織は、「フェライト」、「オーステナイト」および「マルテンサイト」の三つである。「フェライト」は、炭素をほとんど含まない軟らかく変形しやすい組織である。「オーステナイト」は、純鉄の場合は約1000℃の高温時に現れる組織である。「マルテンサイト」はオーステナイトを急激に冷したときに生じ、炭素を多く含んでおり硬くて脆い組織である。

　一般的に鋼は常温ではフェライトで、その結晶構造は鉄特有の「体心立方格子」（**図2-3-2**を参照）である。高温時に現れるオーステナイトは、「面心立方格子」の結晶構造である。オーステナイトは、多量に炭素を溶かす（結晶内に取り込む）ことができるが、フェライトは、ごくわずかしか炭素を溶かすことができない。このため冷却過程でオーステナイトからフェライトに変態するときに、溶かすことのできない余分な炭素は追い出され、セメンタイト（鉄の炭化物）として析出するのである。（**図2-3-1**を参照）。

　自動車の軽量化を図る鉄鋼材料の手法として、現在盛んに進められているのが、前項で説明したハイテン材の活用である。高強度な鉄鋼材料（ハイテン）を用いて、部品の薄肉化を図ることで軽量化を実現する、というロジックである。ハイテン材は、常温で塑性加工される。本項では、鉄鋼材料のもう一つの高強度化の手法とし

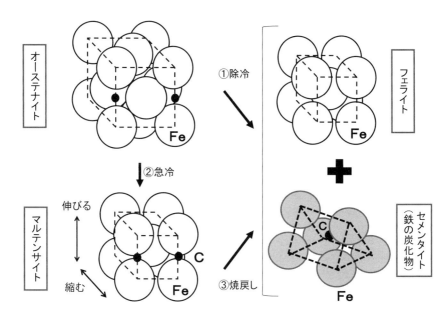

図2-3-1　オーステナイトからマルテンサイト(急冷)とフェライト(除冷)への結晶変化

て最近脚光を浴びている、「ホットスタンプ法(Hot Stamping)」を取り上げる。

　ホットスタンプ法とは、自動車の薄肉な外板部品などで行われている「プレス成形」と、厚肉なミッション部品などで行われている「熱処理」(焼入れ・焼戻し、2-9項を参照)とを組み合わせた工法で、最近非常に注目されている生産技術である。「ダイクエンチ」(Die Quench)とか「熱間プレス」(Hot Press)とも呼ばれている。

　ホットスタンプ法は、焼入れ後の強度に応じて成分を調整した鋼板を、900～1000℃のオーステナイト域に一旦加熱した後に、金型を用いて「成形」と同時に急冷をして「焼入れ」をする工法のことで、高強度の部品をつくることができる。焼入れ後の強度は、炭素量でほぼ一義的に決まる。C＝0.22％で、1500MPa程度のものがよく用いられている。

　加熱された鋼板は、プレス成形時にはオーステナイト相になっており、軟質鋼以下の低強度で高延性を有しているため、複雑な形状を寸法精度良く成形することが可能になるのである。ハイテン材の冷間プレス(常温での塑性加工)では、スプリングバックなどが発生して、寸法精度が課題となるのに対して、ホットスタンプ法ではスプリングバック量を軟質鋼以下に抑えることができる長所がある。

ホットスタンプ法は1990年代に欧州において、自動車のドアビームとバンパーリンフォースで実用化されたのが最初である。日本ではやや遅れて実用化が進み、2001年にドアビームで採用されたのが最初である。しかしホットスタンプ法の生産技術が進化し、最近では車体骨格部品での適用が急速に進んでおり、車体骨格の約20％をホットスタンプ法で製造している新型車が誕生している。

　ホットスタンプ法の工程概要を図2-3-3に示す。本工法は、次の４工程からなっている。第１工程：鋼板素材を加熱炉などで900～1000℃まで加熱し、材料組織をオーステナイト相にして軟化させる。第２工程：加熱炉から取り出した鋼板素材をプレス成形用の金型に供給して、プレス成形を行う。第３工程：プレス成形の下死点で、プレス荷重を保持する。同時に、高温の鋼板から、水などで低温に温度制御されている金型へ、熱が移動することで鋼板は急冷（焼入れ）されて、高強度化されるのである。第４工程：第一工程で高温に加熱された鋼板の表面は、空気中の酸素と反応して黒色の酸化鉄の皮膜（酸化スケール）を形成してしまう。そこで第４工程で、この酸化スケールを除去するのである。

　以上がホットスタンプ法の一般的な工程概要である。当初は、1500MPa級の材料

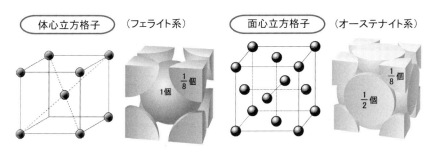

図2-3-2　体心立方格子と面心立方格子の結晶構造の比較

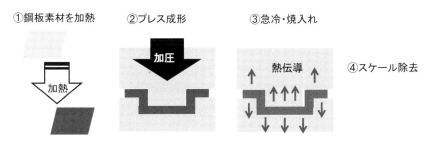

図2-3-3　ホットスタンプ法の工程概要

第２章　自動車で使われる「鉄鋼材料」　39

から実用化されてきたが、最近ではホットスタンプ後の酸化スケールが不要である亜鉛めっき鋼板（2－4項を参照）や、1800MPa級のホットスタンプ成形品も、実用化されている。

　今後さらに軽量化を目指さなければならない自動車鋼板にとって、「成形性」と「高強度」の両立が図れるホットスタンプ法は、非常に魅力を秘めた工法である。現在、鋼板素材の加熱時間と焼入れ時間の短縮化など、残された課題に対する技術開発が進められている。

2－4　クルマを錆から防ぐ「亜鉛めっき鋼板」と「ステンレス鋼」

　自動車用鉄鋼材料には、「高強度」だけでなく、多くの特性が求められている。その一つが、腐食のしにくいこと、すなわち「耐食性」である。「腐食」とは、金属が環境中の酸素や水などとの化学反応によって変質し、金属材料としての品質が低下することである。

　車体用、燃料タンク用、排気用、最近では燃料電池自動車の部品に、耐食性に優れた各種の表面処理鋼板（**図2-1-2**を参照）が用いられている。特に車体用の鋼板は、自動車の耐用年数延長に伴い、熱間・冷間圧延鋼板から表面処理鋼板に切り替えられてきた経緯がある。亜鉛めっき鋼板が、その主役を演じてきた。「亜鉛めっき」の方法には、「電気めっき」と「溶融めっき」の二つの方法がある。めっき技術の原理などについては、第3章で説明する。

　北米などでは、冬季に路上に散布される融雪塩の量の増大に伴って、「車体腐食」という社会問題が深刻化し、1976年カナダ政府は「5年間孔あき腐食なし、1.5年間ボディ表面錆なし」という、防錆品質基準を設定したのであった。これを機に自動車各社は、防錆保証期間を設定するようになったのである。

　めっき付着量が多いほど、「耐食性」は良好になるのであるが、背反として「プレス成形性とスポット溶接性」が悪化する。そこでこの両者を両立できる亜鉛めっき鋼板が、望まれてきたのである。以前は、合金化溶融亜鉛めっき鋼板GA（Galvanized Annealing）と薄肉有機皮膜鋼板が車体防食鋼板の主流であった。21世紀に入り、環境負荷物質として6価クロムの使用が規制されると、薄肉有機皮膜鋼板は姿を消し、日本の車体防食鋼板としてはGAが標準になったのである。海外では溶融亜鉛めっき鋼板GI（Galvanized Iron）や電気亜鉛めっき鋼板EG（Electro-Galvanized Steel）も使用されている。

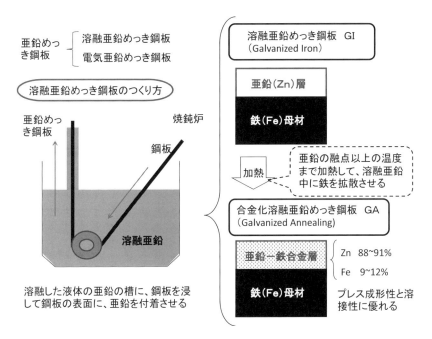

図2−4−1 「溶融亜鉛めっき鋼板」とは

　GAとGIは、いずれも溶融亜鉛めっき鋼板であり、**図2-4-1**に示すように冷間圧延された鋼板を、還元雰囲気で加熱して焼鈍（2−1項を参照）した後に、鋼板表面を活性化した状態で溶融亜鉛槽に浸漬して、鋼の表面に亜鉛を付着させた表面処理鋼板である。GAは、GIをつくった直後に、亜鉛の融点以上の温度に加熱して、溶融亜鉛中に鉄を拡散させることで、亜鉛・鉄合金層を生成させたものである。そのためGAは、単純な亜鉛層であるGIより、プレス成形性とスポット溶接性に優れている。強度、延性、焼付け硬化性など必要な性能に応じて、270〜1180Mpa級の合金化溶融亜鉛めっき鋼板GAが実用化されている。

　ステンレス鋼（Stainless Steel、錆のない鋼）は、高温での耐食性能が評価されて、エンジン以降のエキゾーストマニホールドからマフラーに到る排気系部品に用いられている（**図2-6-3**を参照）。ステンレス鋼とは、「クロム（Cr）を約10.5%から32%含んでいる鉄系の合金」と表現できる鋼である。

　なぜCrを加えると錆びにくくなるのであろうか？　ステンレス鋼の中のCrは、大気中の酸素や水と反応して1〜3nmという非常に薄いCrの酸化膜「不動態皮膜」

を形成する（**図2-4-2**）。この不動態皮膜は、結晶構造を持たないガラスのような非晶質で、緻密で安定しているため大気に触れる表面を保護し、それ以上の酸化（錆）進行を防ぐのである。精錬技術の進歩により現在ではCrが10.5％以上含まれていれば、大気中で不動態皮膜が形成される。不動態皮膜の特徴は、「自己修復機能」を持っていることである。ステンレス鋼を使用中に、仮に不動態皮膜が破れたとしても、鋼中のCrと大気中の酸素や水とが反応して、同じ皮膜を瞬時に再生するのである。

　ステンレス鋼の研究の歴史は、4－5項で解説する「電気分解の法則」や「電磁誘導の法則」を発見したイギリスのマイケル・ファラデー（1791～1867年）が、1820年頃に行ったCrと鉄の合金研究にまで遡る。その後1910年頃ドイツのクルップ社の研究員によって、ステンレス鋼の前身となる材料が発見された。彼らは錆びにくい鋼を目的にしていたわけではなく、さまざまな材料を研究している過程で、Crが多く入った鋼の組織を観察するために酸に溶かそうとしたときに、その耐食性（表面が硝酸などの酸に溶けない性能）の良さを、偶然に発見したのである。

　耐食性の良さの理由が不動態皮膜にあることが解明されたのは、1929年グッゲンハイムによって、電気化学ポテンシャルの理論が構築された後のことである。鉄は3500年前の鉄器時代から使われてきたが、ステンレス鋼は使われ始めて、まだ100

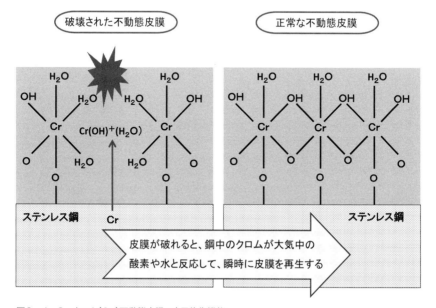

図2－4－2　クロム（Cr）不動態皮膜の自己修復機能

年にも満たないのである。

2-5　鉄の磁性を活かした高機能な「電磁鋼板」

　地球上に存在する物質の中で、常温で磁石につく性質（強磁性体）を示す元素は、鉄、ニッケル、コバルトの三つだけである。強磁性体としての性質を示す材料を、磁性材料と呼ぶ。磁性材料は、材料の周りに導線を巻き電気を流すと、磁界を生むと同時に自らが磁石になる（磁化される）。磁性材料には、電流の向きを反転すると容易に磁化も反転する「軟質磁性材料」と、電流の向きを反転しても磁化を維持し永久磁石になる「硬質磁性材料」とがある。自動車のモータに用いられる「電磁鋼板」は、軟質磁性材料に属する。

　代表的な軟質磁性材料・パーマロイ（鉄とニッケルの合金）のヒステリシス曲線は、**図2-5-1**に示すように、ループ幅が狭く、外部磁界に反応しやすく、その向きが反転すると直ぐに自身の磁化も反転する。一方、硬質磁性材料である永久磁石のヒステリシス曲線は、ループ幅が広い。そのため磁化しにくいが、一度磁化させてしまうと、強い磁力を持ち続けるのである。モータなどの電磁気製品では、硬軟二つの磁性材料はペアで用いられている。回転するロータと静止しているステータで構成されるモータでは、一般的には軟質磁性材料である電磁鋼板がステータに、硬質磁性材料である永久磁石がロータに用いられている（**図2-5-2**を参照）。

　磁石になる原理は、次のように説明される。原子核の周りをいくつかの電子が回転しており、その回転に対して右ねじの進む方向に磁気モーメントが発生する（右ねじの法則）。電子は交互に逆向きに回転するため、磁気モーメントの方向は右ねじの法則に従い、上下に反転し、「電子対」を形成するのである。不対電子がない（すべての電子が電子対になる）場合は、上下の磁気モーメントが相殺され、磁化しようとするとそれを妨げるように、逆向きの磁気モーメントが生じるため、磁石につかない（反磁性体）。不対電子がある場合は、弱いながら磁石につく（常磁性体）。強磁性体は、磁気モーメントの間に交換作用が働いて向きが揃うため、全体として大きな磁気モーメントを発生させるのである。

　鉄は、強磁性体3元素の中で最も強い磁気モーメント2.2MB（ボーア磁子）を有している。コバルトは1.7、ニッケルは0.6である。鉄の結晶は体心立方格子で、磁気モーメントは立方体の［００１］方向に向いている（**図2-5-3**を参照）。従って鉄では、外部から［００１］方向に磁界が加えられるときは、自分の磁気モーメントの向きを変える必要がなく、エネルギー的に最も安定しているため、磁気を通し容易に

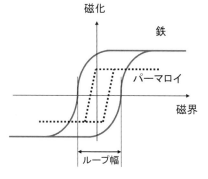
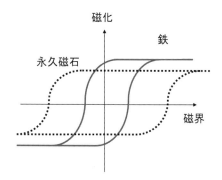

| 軟質磁性材料のヒステリシス曲線は、ループ幅が狭く、外部環境に反応しやすく、その向きが反転すると直ぐに自身の磁化も反転する | 硬質磁性材料のヒステリシス曲線のループ幅は広いため磁化しにくく、一度磁化させてしまうと強い磁力を持ち続ける |

図2-5-1　磁性材料のヒステリシス曲線

　磁化する。しかし、外部から［１１１］方向に磁界が加えられるときは、自分の磁気モーメントの向きを回転させる必要があるので、磁化は困難になる。ニッケルの結晶は面心立方格子で、［１１１］方向が最も磁化が容易で、［００１］方向が最も磁化困難である。このように、方向によって磁化のしやすさが異なる性質のことを、「磁気異方性」と呼んでいる。

　磁気カードの磁気ヘッドに使われる軟質磁性のパーマロイは、鉄とニッケルの合金で、磁気異方性はなくなり、［００１］方向でも［１１１］方向でも、磁化のしやすさは同じである。従って、いずれの方向に磁気カードの磁気モーメントが向いていても、瞬時にそれを検知して信号を拾うことができる。

　軟質磁性の電磁鋼板は、磁界の向きによって磁気の通りやすさが異なる磁気異方性の特徴を応用した高機能材料で、「方向性電磁鋼板」と「無方向性電磁鋼板」とがある。方向性電磁鋼板は、圧延するときに、鉄結晶の磁化しやすい［００１］方向が、圧延方向と同じ方向に並ぶように制御してつくられた鋼板である。変圧器の鉄心に用いられ、巻線（マグネットワイヤ）の長手方向に、磁気を通しやすい性能を有している。

　それに対して無方向性電磁鋼板は、圧延方向に対して鉄結晶の方向がランダム

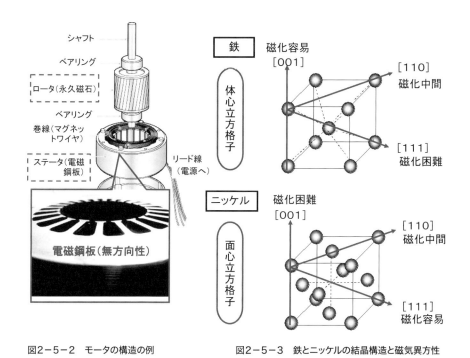

図2−5−2 モータの構造の例　　図2−5−3 鉄とニッケルの結晶構造と磁気異方性

に並んでいる鋼板で、これがモータのステータに用いられるのである。電磁鋼板を、プレス成形で**図2-5-2**に示すような形状に打ち抜いて、それを何十枚も積層してモータのステータはつくられている。ステータのUの字をした溝部に、マグネットワイヤを巻きつけ、マグネットワイヤに電気を流すと磁力が発生し、その磁力によってロータ（永久磁石）が回転するわけである。電気エネルギーを運動エネルギーに変換する装置が、モータなのである。

　パワーステアリングなど電装化が進んだ現在の自動車では、1台当たり100個前後の小型モータが搭載されている。また電気自動車やハイブリッド車には、出力が100倍程度大きいモータが駆動源として用いられており、電磁鋼板は現在の自動車にとって必要不可欠なものになっている。

2−6　自動車にも使われている「パイプ状の鋼管」

　鋼管は、パイプ状に成形された圧延鋼で、断面形状は円形、楕円形、角形などの形をしている。直径1mm程度の針のような細い管から、直径3mを超える太い管まで、さまざまな大きさの鋼管の製作が可能である。用途としては、注射針のような医療用から、水道管やガス管のような生活インフラ用、自動車部品、化学プラントや原子力プラント用の配管など、幅広い分野で用いられている。

　鋼管の種類は、(1)継目無鋼管(シームレス鋼管)、(2)溶接鋼管、(3)鍛接鋼管の3種類に分類される。「継目無鋼管」の製造方法は、鋼塊や棒状の鋼片などの材料を加熱した状態で、その中心部に穴をあけて、肉厚の厚い中空の素材を最初につくっておく。次に、この素材を圧延工程もしくは引き抜き工程で、細長く引き伸ばすことによって管形状を成形するのである。名前が示す通り、「継目(つぎめ)」の無い鋼管である。

　これに対して「溶接鋼管」と「鍛接鋼管」は、最初に鋼板を丸めておく。次に端部を接合して管形状を成形するのである。そのため、「継目」がある鋼管なのだ。溶

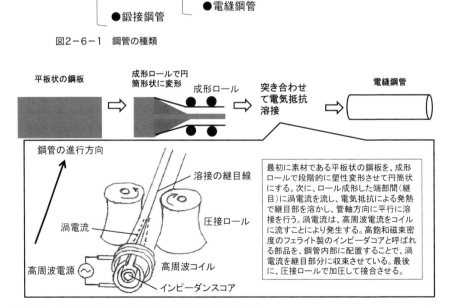

図2−6−1　鋼管の種類

図2−6−2　電縫鋼管の製造方法　（図版参考:TDK株式会社）

接鋼管は、「スパイラル鋼管」「UO鋼管」「電縫(でんぽう)鋼管」の3種類にさらに分けることができる。

「スパイラル鋼管」は、鋼帯を引き出しながら、螺旋状に成形し、両端をアーク溶接した鋼管のことである。螺旋の巻き方を制御することで、理論上はいかなる径の管でもつくることができる。主な用途は土木用である。

「UO鋼管」は名前が示すように、厚板を「U」字形に曲げた後に、「O」字形に曲げる。端部を仮付けした後に、管の内側および外側の両方から連続的にアーク溶接で本溶接を行う。最後に、内側から拡管して仕上げるのである。肉厚の厚い、大径管に適している。

そして「電縫鋼管」が、自動車で多く用いられる鋼管である。電縫鋼管の製造方法を図2-6-2に示す。最初に素材である平板状の鋼板を、成形ロールで段階的に塑性変形させて円筒状にする。次に、ロール成形した端部間(継目)に渦電流を流し、電気抵抗による発熱で継目部を溶かし、管軸方向と平行に溶接を行うのである。渦

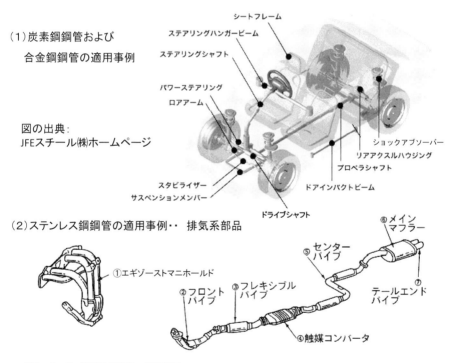

図2-6-3　鋼管の自動車への適用例

第2章　自動車で使われる「鉄鋼材料」

電流は、高周波電流をコイルに流すことにより発生する。高飽和磁束密度のフェライト製のインピーダコアと呼ばれる部品を、鋼管内部に配置することで、渦電流を継目部分に収束させているところが、技術のポイントである。そして最後の工程で、溶かした継目部を圧接ロールを用いて加圧することで、接合を完成させている。

粘弾性材料である樹脂材料（高分子材料の一種）であれば、押出し成形法（溶融した樹脂を用いて塑性変形させる工法）を用いれば、パイプ形状などの管形状を一発造形することが可能である。粘弾性材料とは、高温の溶融状態で流体としての性質を強く示しながらも、固体としての弾性的性質を併せ持つ材料のことである。しかし溶融金属材料は、流体としての性質しか示さないため、押出し成形法によって管形状を成形することは、不可能である。そのため、このようにいくつかの工程を経ないことには、管形状の製品を得ることができないのである。

自動車に用いられている電縫鋼管には、(1)炭素鋼鋼管、(2)合金鋼鋼管、(3)ステンレス鋼鋼管の3種類があり、その材料特性にあった部品に適用されている（**図2-6-3**を参照）。

炭素鋼鋼管の主な用途として、プロペラシャフト、ステアリングシャフト、サスペンションメンバーなどが挙げられる。

合金鋼鋼管は、焼入れ、または焼入れ・焼戻しなどの熱処理を行うことにより、自動車部品としての必要な強度、延性、靭性を確保している。高強度プロペラシャフト用鋼管では690～780MPa、ドアインパクトビーム用鋼管では1470MPaを超す引張強度を有する高強度鋼管が、実用化されている。

ステンレス鋼鋼管は、2－4項でも述べたように、自動車排気系部品に用いられている。エキゾーストマニホールドは、以前は鋳鉄製であった。またフロントパイプからメインマフラーまでの排気部品は、以前はアルミめっき鋼が用いられていた。しかし、排気温度上昇による高温環境下での耐食性向上が一段と求められるようになるとともに、いずれもステンレス鋼に切り換えられたのである。

2－7　細くすればするほど強くなる「鋼線」

自動車タイヤの補強材は、1980年頃まではナイロン、ポリエステルなどの高分子繊維が主に用いられていた。しかし現在では、スチールコード（鋼線）に代替されている。スチールコードの標準的な線径は、0.2～0.3mmである。高分子繊維に比べて一段と剛性が高いスチールコードを補強材に採用したことにより、走行中のタイヤのパンク事故件数が激減するなど、タイヤの安全性・耐久性および操縦安定性

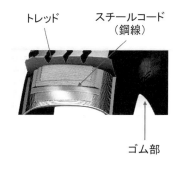
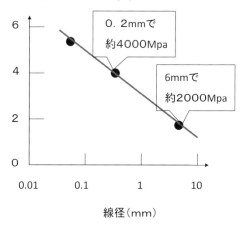

図2−7−1　自動車タイヤの構造図　　図2−7−2　鋼線の線径と強度の関係

が向上したのである。

　鋼線の強度は、その径に大きく依存する。線径が5〜7mm程度の橋梁用鋼線の強度が約2000MPaであるのに対して、線径が0.2mmの細い鋼線では、約4000MPaと倍増するのである（**図2-7-2**を参照）。この値は、今まで説明してきた薄肉鋼板や鋼管と比較すると1桁近く大きい値を示している。スチールコードの線径を細くし高強度化することで、タイヤの軽量化を図ることが可能になる。

　なぜ線径が小さくなるのに伴い、強度（応力）が増大するのであろうか？　鋼線は、伸線加工（**図2-7-5**を参照）で製造されている。伸線する前に、鋼線は「パテンティング」と呼ぶ熱処理を施される。パテンティング技術は、19世紀の英国で特許（パテント）第1号を取ったことから、この名が付けられた。伸線加工工程では、ダイスを用いて、高い圧力を加えて細線化を行う。このとき、「伸線加工量（加工歪）が大きくなるほど、強度が高まる」という経験則が成立するのである（**図2-7-3**を参照）。

　伸線加工量が増えると強度が高くなる理由は、鉄の組織変化で説明できる。「フェライト相の幅（ラメラ間隔）が狭いほど、強度は高まる」という原理である。パテンティング後の鋼線は、フェライトとセメンタイトの結晶方向がランダムな状態に

なっている。それを伸線加工すると、「強度の高いセメンタイト」と「延性のあるフェライト」の結晶が伸び、同じ方向（伸線方向）に揃って配列され、しかもラメラ間隔が狭くなるため（**図2-7-4**を参照）、その結果強度が高くなるのである。伸線工程でラメラ間隔が狭くなるイメージ図を**図2-7-5**に示した。

　最古の陸上輸送手段は、「そり」であったといわれている。そりは陸上では摩擦力が大きく、そりの下に車輪を取り付けたのは今から約5000年前、紀元前3000年頃のシュメール人であった。それは木の板をつぎ合わせ、その中心に心棒をつけた簡素な車輪であった。しかし輸送能力は、飛躍的に向上したのである。この車輪の外周には動物の皮を被せ、銅の釘で固定していた。今日のタイヤの、原型とも呼べる構造である。この構造のタイヤが、約3000年にわたって使われてきたのである。
　今から約2000年前、ローマ時代になると、ライン川流域のケルト人によって鉄のタイヤが発明された。以降、「鉄のタイヤ」の時代が続いたのである。
　アメリカの発明家チャールズ・グッドイヤー（1800〜1860年）は、1839年に生ゴ

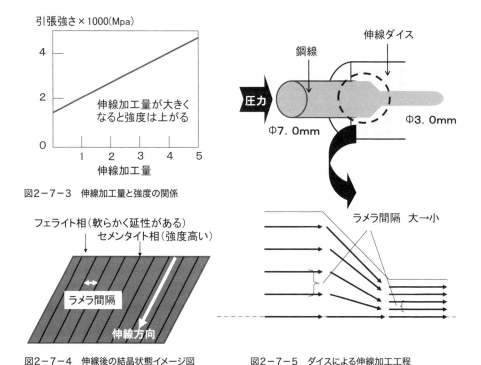

図2-7-3　伸線加工量と強度の関係

図2-7-4　伸線後の結晶状態イメージ図

図2-7-5　ダイスによる伸線加工工程

ムに硫黄Sを加えて混練・加熱すると、ゴム弾性が得られることを発見した（7－11項を参照）。その後1846年頃からゴムの工業生産が始まり、「ゴムタイヤ」が登場したのである。ドイツのベンツが、世界で初めてガソリンエンジンを搭載した自動車を発明したのが1885年のことなので、ガソリン自動車よりも、ゴムタイヤの歴史のほうが古いことになる。当時の自動車タイヤは、中実のゴムを車輪の外周に取り付けた、空気の入っていないソリッドタイヤであった。そのため時速30km程度でも、長く走ると摩擦熱でゴムが焼け焦げてしまったのである。

初めての空気入りチューブタイヤが、イギリスのジョン・ボイド・ダンロップ（1840～1921年）によって彼の息子の「三輪車」に使われたのは、1888年のことであった。やがてゴムチューブタイヤは、イギリス中の「自転車」に普及していったのである。その後、このゴムチューブタイヤを、台頭しつつあった「自動車」のタイヤにも応用しようとする試みが行われた。

世界で最初にゴムチューブタイヤを自動車タイヤで実用化したのは、フランスの貴族ミシュラン兄弟であった。1895年に行われた、パリ～ボルドー往復1200kmの自動車耐久レースに、2人は空気タイヤのクルマで参戦し、圧倒的な走行性能の良さを見せつけたのであった。これにより、ゴムチューブタイヤは急速に普及していったのである。今から約120年以上も前の出来事であった。自動車空気入りタイヤの歴史は、120年程度ということになる。

2－8　自動車の軽量化をリードする日本の差別化技術、「特殊鋼」

　日本自動車工業会は、各自動車メーカから提供されたデータに基づいて、「普通・小型乗用車における原材料構成比率の推移」を長年公表してきた。それによると**図2-8-1**に示したように、1980年から2001年の間に、軽量化の目的で自動車の原材料は、アルミなどの非鉄金属とプラスチックなどの非金属材料の採用が進む一方で、鉄鋼材料の比率は低減していることがわかる。

　しかし鉄鋼材料の中でも、重要機能部品の材料である「特殊鋼」の比率は逆に増加しており、自動車1台当たり200～300kgの特殊鋼が用いられているのである。特殊鋼は、一般ユーザーからは見えないところで、「走る・曲がる・止まる」といった自動車の基本性能を支える重要機能部品に用いられているのである。

　「特殊鋼」とは、「鉄に炭素以外のさまざまな元素を加えた合金鋼」のことである。添加する元素によって、硬度、強度、粘り強さ、耐摩耗性、耐熱性、耐食性など

図2−8−1 自動車構成材料比の推移(%)

図2−8−2 特殊鋼とは

図2−8−3 特殊鋼に使われる主な添加元素とその効果

の特性が向上するのである。例えばNi(ニッケル)を加えると粘りと強度が増大し、Mo(モリブデン)を加えると高温での強度、硬度が増大する。B(ボロン)は、ごく微量の添加で、硬さを増す。2−4項で登場したステンレス鋼も、特殊鋼の一種で、Cr(クロム)を加えて耐食性向上を図っている。つまり、さまざまな要求や用途に応じて、高度に合金設計を図り、鋼(はがね)の性質を向上させているのが特殊鋼なのである(**図2-8-3**を参照)。

特殊鋼は一般的には、「特殊鋼メーカ」(1−7項を参照)で生産されている。特殊鋼の主原料である鉄鋼には、廃自動車、廃家電品、機械設備、建屋などを解体して、不純物を取り除き無害化処理した鉄鋼のスクラップを用いている。これは、鉄の長所の一つである「リサイクル性の良さ」をうまく活かした、事業形態であるということができる。

こうしてつくった普通鋼(炭素鋼)に、Ni(ニッケル)、Cr(クロム)、Mo(モリブデン)、V(バナジウム)、W(タングステン)などの特殊元素を添加すると、調味料のような作用で特殊な性能を持った「特殊鋼」に生まれ変わるのである。

ガソリン自動車は、エンジンのシリンダーに送られたガソリンが燃焼爆発してピストンを上下させ、この上下運動をクランクシャフト（**図2-8-4**を参照）が回転運動に換えることで、ドライブトレインを経由して車輪が駆動する。この重要な機能を担うクランクシャフトは、特殊鋼メーカから供給された直径8 cm程度の、高度に合金設計された特殊鋼の棒鋼を素材として用い、自動車（部品）メーカが鍛造成形を行って生産されている。

　鍛造成形とは、金属を金鎚で叩いたり、金型で圧力を加えることで、鋼材内部の空隙を潰して結晶を微細化し、結晶の方向を整えて強度を高めながら、目的の形状にする成形法である。わが国では古くから、日本刀などがこのやり方でつくられてきた。鍛造は素材の加熱温度により、「熱間鍛造」と「冷間鍛造」に分類される。

　熱間鍛造とは、金属材料を再結晶温度以上の真っ赤になるほど加熱し、軟らかい状態にした上で、プレス機によって圧力を加え、金型成形する金属加工法のことである。金属部品を成形するのと同時に、高い強度と靱性を得ることを特徴とする。成形性が良く、また「鍛錬」効果があり、材料の機械的性能が向上するのである（**図**

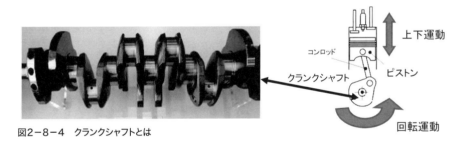

図2-8-4　クランクシャフトとは

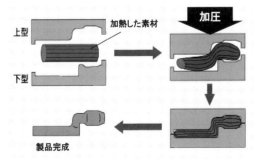

図2-8-5　熱間鍛造工程の概要（金型による鍛造）

第2章　自動車で使われる「鉄鋼材料」　　53

2-8-5を参照）。

「鍛錬」とは、「鉄を熱いうちに、打ちきたえること」を意味する。この意味が転じて、「鍛錬＝厳しい訓練や修養を積んで、技能や心身をきたえる」という類似語が、生まれたのである。さらに、「百鍛千練＝詩や文章の語句を何度も考え、何度も修正して、より良いものにすること」という言葉も、使われるようになった。

トランスミッションのギアなどの小物部品から、クランクシャフトなどの大物部品までが熱間鍛造で生産されている。しかし高精度の鍛造製品の要求が高まり、熱間鍛造から冷間鍛造に変更される部品が増えつつある。冷間鍛造は、素材を常温のままで成形する。従って熱間鍛造と比較し成形性では劣るが、寸法精度が良好で、バリ取りや切削加工などの後加工を省略できるという長所がある。

熱間鍛造から冷間鍛造へ変更するには、鉄鋼材料面での技術革新が必須となる。常温の硬い状態で大きな圧力を加えても割れが発生しないように、割れの原因となる鋼材内部の欠陥を抑える技術が必要であるが、この技術領域で日本の特殊鋼メーカは、世界のトップを走っているのである。

2－9　表面が硬く、内部が強靭な「自動車ギア」

エンジンの生み出したパワーをタイヤまで伝える動力伝達機構のことを、「パワートレイン」とか「ドライブトレイン」と呼ぶ。クラッチ、トランスミッション、プロペラシャフトおよびドライブシャフトなどのユニット製品から構成され（**図2-9-1**を参照）、これらのユニット製品には数多くのギア部品が用いられている。これらの自動車用ギア部品の多くは、鋼材として「浸炭用鋼材」を用いている。

浸炭用鋼材は、内部が低炭素であることが重要であるため、「低炭素鋼」が用いられる。JISでは、浸炭用の特別な炭素鋼として、3種類の鋼材（S09CK、S15CK、S20CK）を規定している。炭素鋼で不十分な場合には、各種の合金鋼（前項の特殊鋼を参照）を用いる。合金鋼には炭素鋼のように浸炭専用の材種があるわけではないが、炭素量の少ない合金（約0.20％以下）が、浸炭焼入れの対象になるのである。

「浸炭・焼入れ」とは熱処理の一種で、素材を約950℃に加熱し、表面から0.5～1mmの層に炭素を「浸炭（拡散）」させた後、急冷して「焼入れ」を行い、組織を「マルテンサイト」（**図2-3-1を参照**）に変えて、硬度を高めるための目的で施す処理のことをいう。

「浸炭」とは、鋼材を硬化させるための「前準備」の工程であり、硬化そのものは「焼入れ・焼戻し」の工程によって行われる。浸炭の手法としては、木炭を炭素

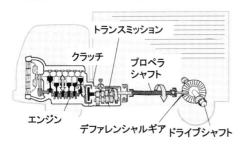

図2-9-1　自動車の「ドライブトレイン」とは　　図2-9-2　日本刀の熱処理

源とする「固体浸炭」、シアン化ナトリウムNaCNを主成分とする無機塩を、高温で溶融させた塩浴によって浸炭を行う「液体浸炭」、二酸化炭素・水素・メタン・水蒸気などを主成分とするガスによって浸炭を行う「ガス浸炭」などが挙げられる。現在では、ガス浸炭が主流となっている。

「浸炭」の後の「焼入れ・焼戻し」により、浸炭処理された表面層の硬さは、HRCで約60と硬くなる。一方、浸炭処理が届かない内部層の硬さは、HRCで35程度と軟らく、強靭(しなやかで粘り強いこと)な状態を保持しているのである。

つまり「表面」は硬いので、自動車ギアが噛み合って動力を伝達する役目を果たすときに、摩耗しにくいため、自動車の耐久性を向上させる働きをする。また内部は「強靭」であるため、衝撃が加わっても、ギア部品は安易には破壊しない。このように「浸炭・焼入れ」は、「鉄」の良さをさらに引き出す熱処理技術なのである。自動車ギアに用いられている、浸炭焼入れの「軟らかい鋼を芯に、硬い鋼を表面に」という考え方は、日本刀の材料設計思想と同様である。(**図2-9-2**を参照)。

「オーステナイト」は、2％程度までの炭素を固溶でき、比較的低温(730℃以上)で変態するため、熱処理を開始するのに都合の良い状態なのである。炭素を含んだ

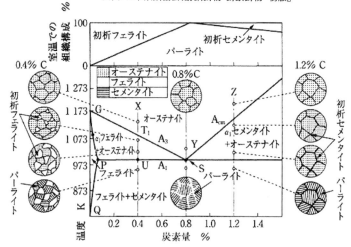

図2−9−3　Fe−FeC系平衡状態図　および　室温での組織構成図

オーステナイトが、「フェライト」と「セメンタイト」に変化する反応が熱処理の基礎（**図2-3-1**を参照）になり、冷却速度によってさまざまな組織をつくることができるわけである。オーステナイトを空冷などでゆっくり冷却すると、「フェライト」と「セメンタイト」が層状になった「パーライト」ができるのである。

　オーステナイトを「急冷」するのが「焼入れ」である。焼入れにより、オーステナイト中に炭素が固溶した状態のまま急冷されるため、炭素は結晶格子構造の急激な変化に対応できず、フェライトの結晶構造に炭素が無理やり押し込まれた状態になる。そのため、結晶には大きなひずみが生まれ、それが鉄に硬さと脆さを与えるのである。これが「マルテンサイト」と呼ばれる組織である。

　浸炭焼入れにより生じた「マルテンサイト」は硬く脆い性質を持つので、「焼入れ」後に「焼戻し」が行われる。焼戻しとは、「焼入れにより、マルテンサイトを含み硬いが脆化して不安定な組織となった鋼に対して、靭性を回復させて組織も安定化させる処理」のことである。焼戻しによって、過飽和に固溶した炭素が、炭化物として微細に析出してくる。これを「焼戻しマルテンサイト」あるいは「ソルバイト（高温焼戻し）」という。

　自動車のギアには、噛み合いを適正に行って動力伝達をするために、形状精度が求められている。浸炭焼入れによって、鋼の組織が変化してひずみがでる（変形する）こともあるので、注意を払う必要がある。

第3章
鉄と鉄をつなぐ「溶接」の化学

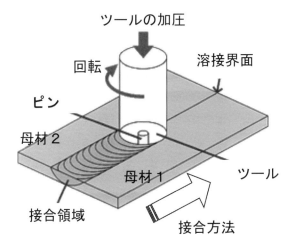

摩擦攪拌接合の原理

3−1 プレス部品を溶接して「モノコックボディ」へ

　現在の自動車は、2万5000個から3万個近くの部品から構成されているといわれている。自動車部品を大きく分類すると、ボディ、エンジン、ドライブトレイン、シャーシに分けることができる。一昔前の自動車の剛性をつかさどっていた部品は、「フレーム」と呼ばれる角材を組み合わせた部品であった。しかし、現在市販されている大部分の乗用車は、「モノコックボディ」を採用している。モノコックボディとは、人が乗る客室「キャビン」と「フレーム」を一体化したもので、ボディの構造自体がフレームの役割も果たす構造になっているのである。従って、ボディの剛性も衝突時の衝撃吸収も、ボディ自体がその役割を担っているわけである。

　モノコックボディが乗用車の主流になった理由は、ボディ全体を軽量化できるからで、運動性能や燃費などの自動車の性能に、良好な影響を及ぼすことができるからである。また、衝突安全性が従来以上に厳しく求められるようになってきており、事故が起きた際に、ボディがうまく潰れて衝撃を吸収し、いかに乗員や歩行者に与えるダメージを減らすかが、非常に重要な課題になってきたのである。

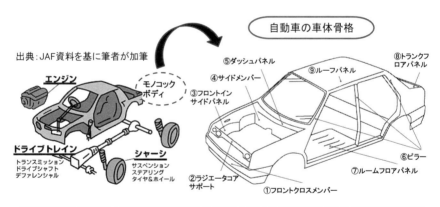

	部品名	機能		部品名	機能
①	フロントクロスメンバー	車体下部に横方向に取り付けられている補強部品	⑤	ダッシュパネル	車体の計器類を固定する板。インスツルメントパネルともいう
②	ラジエータコアサポート	エンジンルームのラジエータを固定する部品	⑥	ピラー	車体のドア部品と屋根を支える柱
③	フロントインサイドパネル	車体前方、フェンダー（タイヤを囲む板）の内側にあり、衝撃を吸収する穴があいた板状の部品	⑦	ルームフロアパネル	車体の床の板
			⑧	トランクフロアパネル	トランクルームの底にある板
④	サイドメンバー	車体のフロア左右を前後に走る骨格（フレーム）	⑨	ルーフパネル	車体の屋根の板

図3−1−1　自動車の構成部品

そのために、モノコックボディにおいては、事故が発生し外部から衝撃が加わった際に、先にボディが変形するクラッシャブル・ゾーンを設けている。**図3-1-1**に示した「車体骨格」の事例では、③のフロントインサイドパネルがそれに該当する部品である。
　自動車組み立て工程の中で、溶接工程はとても大きな割合を占めている。主に薄肉鋼板から成るモノコックボディや、比較的厚肉鋼板から成るシャーシは、いずれも溶接によって組み立てられているのである。
　以前のクルマでは、シャーシは、クルマの骨格となるフレームを意味していたのであるが、フレームの役割をボディが担うようになった現在では、シャーシはサスペンション、ステアリング、タイヤ・ホイールなど、主に「足回り関連の構成分品」を表わすことが多くなっている。車体骨格と足回り部品で、高強度鋼板（ハイテン）の採用が増加してきていることについては、2-2項で述べた通りである。
　自動車の組み立て工程で用いられる溶接工法は、**図3-1-2**に示すようにアーク溶接、抵抗溶接、ガス溶接などさまざまな工法が存在している。中でも「スポット溶接」を中心とした「抵抗溶接」が最も多く用いられている。抵抗溶接とは、溶接し

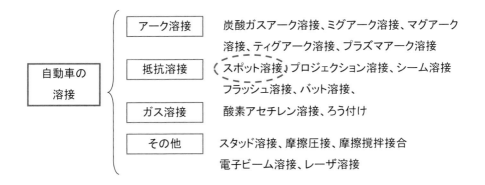

抵抗溶接で発生するジュール熱Q（カロリー）

$$Q = 0.24 \times I^2 \times R \times t \quad \cdots (1)$$

　　I：電流値（アンペア）
　　R：母材の抵抗値（Ω）
　　t：電流を流した時間（秒）

図3-1-2　自動車で用いられる主な溶接工法

たい母材（鋼板や鋼管のこと）に電気を流してジュール熱（**図3-1-2**(1)式を参照）を発生させ、その熱で母材を溶融させ、それと同時に加圧することによって接合する溶接方法である。抵抗溶接には、スポット溶接以外にプロジェクション溶接、シーム溶接などが挙げられる。

　自動車産業では、品質と同時に生産性を満たす生産技術が、常に求められている。1970年代は、「少品種多量生産方式」の中で、生産性向上と品質の安定化が求められ、溶接工程では「自動化技術」が一気に進められたのである。

　1980年代は、多様化する顧客ニーズに応えるために、自動車メーカ各社は、車種を増やしてきた。そのため生産形態としては、「多品種少量」を「フレキシブル」に対応できる混流生産が求められ、品種交換の段取り時間を大幅に短縮する、「ロボット化」などの技術が開発されてきた。

　また2-4項で述べたように、自動車の耐用年数延長に伴い、「亜鉛めっき鋼板」など耐食性には優れるものの、溶接性の悪い表面処理鋼板が多用されるようになってきた。亜鉛めっき鋼板に対する溶接性向上に対しては、「合金化溶融亜鉛めっき鋼板」（2-4項を参照）の開発など、材料面からの改良が図られてきた。それに加え、溶接技術そのものとして、スポット溶接における電極ドレッサや、亜鉛めっき鋼板に適した電極材料などが開発されてきたのである。

　1990年代に入ると、高エネルギーで局部加熱溶接が可能な、レーザ溶接が採用されるようになった。最初は2次元平板のテイラードブランク溶接（3-5項を参照）から始まり、その後抵抗スポット溶接の代替として、3次元のレーザ溶接が採用されるようになった。

　鉄鋼材料ベースのクルマでは、溶接全体の8割程度を抵抗スポットが占めている。レーザ溶接の採用比率は、ドイツのクルマは10％程度近くあるのに対して日本車は数％である、といわれている。

3-2　なぜ「鉄」だけが簡単に「溶接」できるのか？

　鉄は酸素ボンベと可燃性ガスがあれば、いつでも・どこでも・誰でも（？）簡単に切断することが可能である。可燃性ガスを燃焼（酸素と反応すること）させた炎で、鉄を加熱すると、まわりに酸素があれば、鉄と酸素は反応し「酸化鉄」を生成する。酸化鉄は、鉄よりも融点（固体が融けて液体になる温度）が低いのである。そのため、ボンベから酸素を噴き付けると、その部分は酸化鉄ができ、その酸化鉄のところだけが先に融けるわけである。このように金属を切断することを、「溶断」と呼ぶ。こ

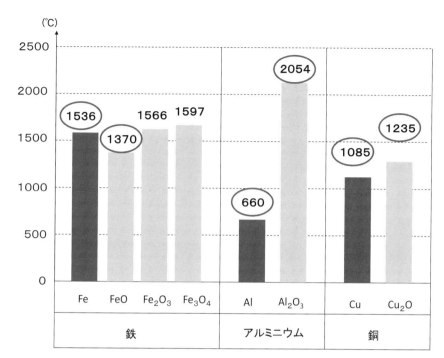

図3-2-1 主な金属とその酸化物の融点

の作業はよく見かけるものであり、どんな金属でも鉄と同じように簡単に溶断できる、と私たちは思い込んでいるのではないだろうか？

　しかしこの思い込みは、事実とは違うようである。鉄を除いた、地球上のあらゆる金属は、酸化してできる金属酸化物の融点のほうが、もとの金属の融点よりも高くなるのである。この事実は、鉄以外の金属は、鉄のようには簡単に溶断ができないことを意味する。**図3-2-1**に示すように、酸化鉄の一種である酸化第一鉄FeOの融点は1370℃で、鉄の融点1536℃よりも166℃低く、「酸素」を噴き付けた所が先に融ける。この理由により、鉄は金属の中で最も簡単に溶断ができるのである。「溶断」が簡単にできるということは、「溶接」も簡単にできることを意味する。

　溶接方法は、母材（組み立てたいプレス部品材質）が融けるのか融けないのか、という視点と、溶接材料（融けて接着剤のような働きをする）が必要なのか不要なのか、という二つの視点から、次の三つに分類することができる。

圧　　接：母材同士を融かし、圧力を加えて接合する。自動車の組み立て工程で多く用いられている「抵抗スポット溶接」は、これに属する。

溶融溶接：溶接材料を使い、溶接材料と母材の両方を融かすことで接合する。ガ

第3章　鉄と鉄をつなぐ「溶接」の化学　　61

スシールドアーク溶接（ミグ、ティグ、炭酸ガス）、電子ビーム溶接、レーザ溶接がこれに属する。

ろう接：溶接材料を用い、溶接材料のみを融かし、母材は融かさずに接合する。はんだ付けなどがこれに属する。

　鉄は、この三つのいずれの方法でも接合することが可能である。高強度アルミニウム（ジュラルミン）は、溶融溶接するのが困難であるため、航空機は現在でもリベット接合（**図3-4-2**を参照。鋲（リベット）を、母材の孔に差し込み、叩いてかしめる方法）で組み立てられているのである。

　鉄は、酸化物である酸化第一鉄の融点が、鉄自身の融点より低くなるという珍しい金属であり、その理由により、鉄はとても溶断・溶接しやすい金属であることを説明した。鉄は、これ以外に、もう一つ珍しい性質を持っているのである。それは、「鉄は、固体で三つの『相』を持っている物質である」という事実である。「相」とは物質の「状態」のことで、例えば水は、気体、液体、固体の三つの相（状態）を持っている。固体から液体に変化する温度が融点である。水を含め多くの物質は、固体

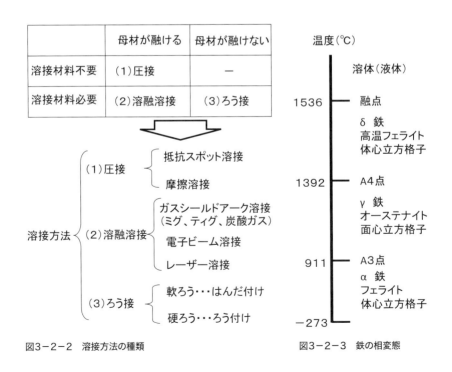

図3-2-2　溶接方法の種類　　　　　　　　　　図3-2-3　鉄の相変態

には一つの相しか存在しない。それに対して鉄は、三つも固体の相を持っているのである。

図3-2-3に示すように、高温の溶体（液体）の鉄の温度を徐々に下げていくと、融点である1536℃で固体、δ鉄になる。「高温フェライト」と呼ばれている状態で、結晶構造は体心立方格子（図2-3-2を参照）である。ここからさらに温度を下げていくと、A4点と呼ばれる1392℃で、γ鉄「オーステナイト」という状態に変化する。結晶構造は面心立方格子である。ここからさらに温度を下げていくと、A3点と呼ばれる911℃で、α鉄「フェライト」という状態に変化する。結晶構造は、再び体心立方格子に戻るのである。ここからはいくら温度を下げても、この結晶構造を保持する。

A4点、A3点のように物質の結晶構造が変化する温度を「変態温度」という。固体で相変態をする鉄だからこそ、加熱冷却による温度制御を行うことで、さまざまな組織（結晶構造）をつくり出せるわけなのである（2-9項を参照）。

3-3 「溶接」のプロフェッショナル「鋳掛屋」

前項で、鉄は切断したり、つないだりすることが容易にでき、ものづくりに適した材料であることを解説した。読者の皆様は、「鋳掛屋」という職業をご存知であろうか？　日本では、戦国時代以降、「鍛冶屋」と呼ばれる職人が多く存在し、『村の鍛冶屋』という歌にもされていた。鍛冶屋は、「ふいご」で空気を送り、鎚を打って「鋳鉄製」（後ほど説明する）の鍋、釜、農具、刃物などを生産していたのである。

その鍋や釜に穴があいたり割れたりしたときに、融かした金属を流し込んで修理してくれる職人のことを、「鋳掛屋」と呼んでいたのである。江戸の町は火事が多かったため、火事から避難する様子を描いた絵が、残されている。その中に、鍋や釜を担いで逃げる人を描いた絵も、いくつか保存されている。近代工業化される以前の時代において、鍋釜などの鉄製品は、庶民にとって貴重な財産であったことを、これらの絵は物語っているのである。従って、穴があいたとしても、容易に捨てたり買い換えたりするわけにはいかず、完全に使い物にならなくなるまで、補修を繰り返しながら使っていたのであった。

この補修を請け負う修理業者が、「鋳掛屋」だったのである。町中や村々を呼び回って、声を掛けられたら仕事をしたのである。道具箱の中には、必需品の「ふいご」と「炉」を持参していた。1150〜1200℃と、比較的融点の低い「鋳鉄」で鋳造された鍋釜の穴やひび割れを、溶融させた鋳鉄を流し込むことで補修したのであった。

「鋳掛屋」とは、鋳掛を行う職人のこと。鋳造された鍋や釜などの鋳物製品の修理・修繕を行う職業。「鋳かけ」または「鋳鐵師」との標記もなされる。

図3-3-1　明治・大正期の鋳掛屋を撮影した写真

鋳鉄を溶融させる熱量を確保するために、必要な空気（酸素）を送る「ふいご」は、鋳掛屋には必要不可欠な道具だったのである。

　「鋳掛屋」は、鉄を「鋳て（融かして）」「かける」が、語源になってできた言葉である。鋳掛屋は、落語や川柳の題材にもなっている。「鍋鋳掛け、すてっぺんから、煙草にし」という川柳があった。この川柳は、仕事を始めた鋳掛屋が、いきなり煙草で一服するのを、おかしがって読まれたものである。「すてっぺんから」とは、「最初から」という意味である。炉の温度が上がるまでは、手持ち無沙汰のため、最初から休憩のような光景がしばしば見られたわけなのである。

　鋳掛屋の商売は、昭和40年代までは成立していた。しかし、電気炊飯器の登場で釜を使わなくなり、鍋もアルミニウム製のプレス品に変わっていくなかで、流しの鋳掛屋に直してもらう鉄製品は激減してしまったため、鋳掛屋は姿を消してしまった。

　鉄・炭素合金は、鉄合金の中でも最も基本的な合金である。「鉄・炭素二元状態図」は、鉄・炭素合金の性質を理解する上で便利な図である。「状態図」とは、複数の物質が混ざったとき、物質の濃度と温度の変化で、どのような結晶状態になるのかを示すものである。二元状態図においては、普通横軸に濃度を、縦軸に温度を

取る。一般に、炭素濃度が0.02％以下のものを「軟鉄」、0.02％から2.14％までを「鋼」、2.14％以上を「鋳鉄」と呼ぶ。

「鋳鉄(cast iron)」とは、鉄と炭素さらにケイ素Siからなる鉄合金の名称で、一般的に鋳造品の材料として用いられている。炭素濃度は2.14〜6.67％、ケイ素濃度は1〜3％である。溶鉱炉から産出される「銑鉄」に比べ、ケイ素成分を多く含んでいるのが特徴である。工業的には、「キューポラ」と呼ばれる筒状の炉で、「銑鉄」と「鋼屑」とを溶解させて鋳鉄をつくり、溶解した鋳鉄を用いて、重力金型鋳造法（**図5-7-3**を参照）により「鋳物」は生産されているのである。型は砂製の型を用いる。鋳鉄は鋳物の中で最も多く生産されている金属材料で、自動車ではエンジンの骨格部品であるシリンダーブロックや、エキゾーストマニホールド（**図3-3-2**を参照）などに用いられていた。最近では、アルミ化が進められている。

図3-3-2「鉄・炭素二元状態図」が示すように、炭素濃度0％の純鉄の融点は1536℃であるが、炭素濃度を高めて「共晶点」4.25％に近づくほど、鉄・炭素合金の融点は低下する。共晶とは、温度の下降に伴って、液体から2種の固体が一定の

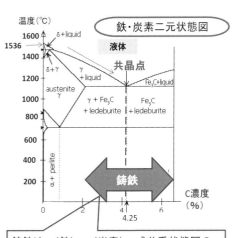

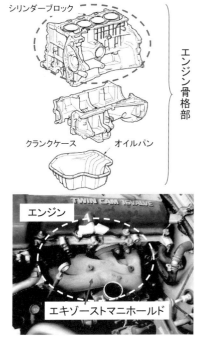

鋳鉄はFe（鉄）-C（炭素）二成分系状態図の共晶点（炭素含有量4.25％）前後の炭素を含むため、融点は1150〜1200℃と純粋な鉄の融点より300℃以上低い。銑鉄（1-4項）と比べケイ素を多く（1〜3％）含む。自動車エンジンの骨格部品であるシリンダーブロックやエキゾーストマニホールドなどに用いられている。

図3-3-2　鋳鉄とは

割合で、同時に出てくる現象のことである。鉄・炭素二元系の共晶点では、鉄とセメンタイト（鉄の炭化物）またはグラファイト（黒鉛）が、同時に出てくる。鋳鉄の炭素濃度は、2.14～6.67%と共晶点前後であるため、融点は純鉄に比べて300℃以上も低い1150～1200℃まで下がる。そのため鋳鉄は、重力を利用して溶湯を砂型へ流し込む鋳物に、適した材料なのである。

3-4 「原子」と「原子」が結合する溶接

　「溶接」は、母材の一部を溶融させて、母材同士を接合することで、母材間の金属原子同士が金属結合した状態になっている。日本では、第2次世界大戦の頃は「リベット接合」で鋼板をつないでいた。真赤に熱したリベットを、母材の穴に通してリベットの頭をたたき、リベットが冷却するときの収縮力で接合する方法である。溶接のように原子と原子との結合ではなく、母材同士が単に機械的に密着しているだけである（**図3-4-2**を参照）。

　日本海軍の多くの戦艦は、リベット接合で鋼板をつないでいたのである。水密性、機密性は溶接に比べて明らかに劣る。一方アメリカでは、リベットに換えて溶接を採用しており、大量の溶接船が戦場に投入され、破損した船の修理にも溶接が使われていた。そのため「溶接技術の優劣が軍事力優劣に直接結びついた」といわれている。しかし当時の溶接レベルは現在に比べると低く、実際には浸水したり、脆性破壊を起こす溶接船の事故が起こっていたようである。この戦争を機に、溶接技術は飛躍的に向上したのであった。もし日本海軍の戦艦が、現在の溶接技術を用いて造られていたとすれば、ミッドウェー海戦に勝利していたのであろうか？

　現在、自動車の組み立てに最も多く用いられている溶接方法は、生産ラインでロボットがぐるぐる回りながら火花を散らしている「抵抗スポット溶接」である。抵抗スポット溶接とは、2枚に重ねた鋼板を上下から銅電極で押さえつけ通電し、その抵抗発熱で鋼板接触部を加熱し溶融させて接合する接合方法のことで、圧接の一種である（**図3-2-2**を参照）。

　スポット溶接の原理を**図3-4-1**に示す。一見単純そうに見えるが、実際はミクロの接触状態から始まり、極めて短時間のうちに、融点以上までの温度上昇と電流通路の拡大という変化が、同時並行的に起きるという、非常に複雑な現象である。スポット溶接に求められる熱的特性は、溶接界面における極めて選択的な発熱と、それに伴う電極側に向かっての急激な温度勾配の二つである。

　溶融部の温度上昇は、**図3-4-1**の（1）式に基づく単位体積当たりの発熱量に支

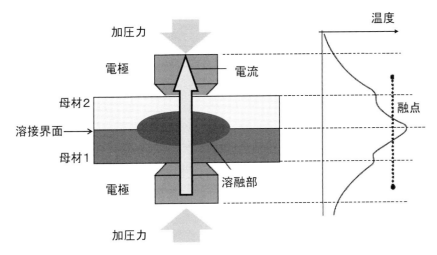

抵抗溶接で発生する単位体積当たりのジュール熱 Q （カロリー／cm³）

$$Q = 0.24 \times I^2 \times R \times t \quad \cdots (1)$$

I：電流密度（アンペア／cm²）
R：母材の固有抵抗値（Ω・cm）
t：電流を流した時間（秒）

図3-4-1　抵抗スポット溶接の原理

配される。溶接時の温度は、溶融中心部と、そこからわずか10mm程度離れた電極部とで、実に数百℃もの差異が出るように、作為的につくり出されているのである。具体的には、①電気導電率と熱伝導度の高い電極材料を選択する、②電極の先端を細くして溶融部の電流密度を上げる、③電極を水冷する、などの手段が一般的に採用されている。

　自動車組み立てにおける初期のスポット溶接は、定置式のスポット溶接機を用いて、人力で溶接ガンを移動させる「ポータブルスポット溶接」であった。しかし自動車の大量生産時代が到来すると、多数の溶接ガンで多数の溶接点を同時溶接できる大型の「マルチスポット溶接」が登場し、低コスト化が進んだ。しかしマルチスポット溶接は、鉄板の精度が良くないと高品質に同時溶接ができないこと、また自動車のモデルチェンジごとに莫大な費用の「専用」設備投資をしなければならないことが問題になった。そのため次第に「汎用性」の高い、「スポット溶接のロボット化」へと流れが変わっていった。このように自動車の組み立て工程における抵抗スポット溶接の技術は、「ポータブルスポット溶接」→「マルチスポット溶接」→

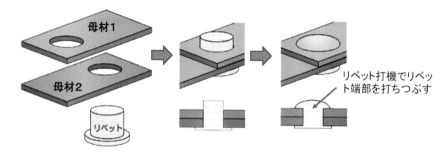

図3-4-2　リベット接合とは

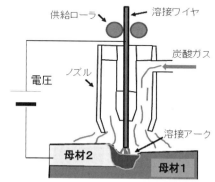

溶融溶接法の中で、最も一般的に用いられているのがガスシールドアーク溶接である。2つの導体を近づけ電圧を加え、適当な距離に保つと、導体間に弧状のアークが発生し持続される。アークの中はプラズマ状態になっており、1万℃近くに達する。高温のアークにより溶接ワイヤーの先端が溶け、それが溶滴となって母材に衝突し、母材も一部溶かすことによって溶融溶接が進行する。

図3-4-3　ガスシールドアーク溶接の原理(溶極式)

「スポット溶接のロボット化」へと、進化を遂げてきたのである。

次に、「溶融溶接法」の中で、最も一般的に用いられている「ガスシールドアーク溶接」の原理を解説する。ガスシールドアーク溶接は、高温の「アーク」によって母材と溶接材料を融かす溶接方法である。非消耗電極式ともいわれる「非溶極式」と、消耗電極式ともいわれる「溶極式」に大別される。非溶極式は、電極にタングステンを用いて、別に供給される溶接材料を加熱溶融しながら溶接を行う方式である。溶極式は、ワイヤなどの溶接材料そのものが電極を兼ねて、溶接を行う方式である。溶極式の原理を**図3-4-3**に示す。

溶接ワイヤと溶接すべき母材の間に電圧を加えた状態で、溶接ワイヤの先端を母材に近づけ適当な距離（5mm程度）に保つと、溶接ワイヤの先端と母材との間にアーク放電(電弧放電)が発生する。アークの中で、気体は電子が分離した「プラズマ」の状態になっており、1万℃近くにも達している。高温のアークにより溶接ワイヤの先端が溶け、それが溶滴となって母材に衝突し、母材も一部溶かすことに

よって溶融溶接は進行するのである。

アーク中に空気が巻き込まれると、溶滴は酸化・窒化され、溶接金属が弱くなる。そのため炭酸ガスなどを送り込み、空気を遮断（シールド）する必要がある。

3-5　自動車で注目される「革新的溶接技術」とは？

　自動車業界で最近注目されている溶接技術として、「テイラードブランク溶接」が挙げられる。自動車のボディ（最近の乗用車はモノコックボディ）は、**図3-1-1**に示したように種々の部品から構成されている。これら部品は、その部品に求められる機能に応じて、素材となる鋼板の材質、板厚、硬さ、表面処理の仕様が異なっている。

　テイラードブランク溶接とは、このような材質、板厚、めっきの有無など鋼板の仕様が異なる鋼板を、組み合わせて平面状態で溶接を行い、そのまま一体的にプレス成形するという工法である。工法の特徴としては、外観的には一枚の板に見えるものの、実際には適材適所に性質の異なった鋼材を用いているため、自動車ボディ

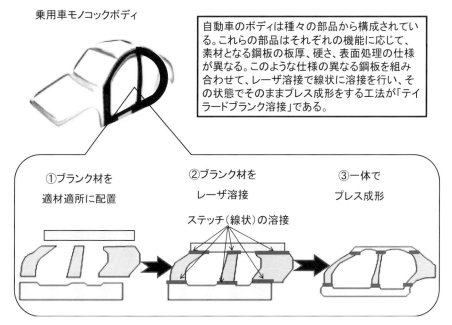

図3-5-1　テイラードブランク溶接とは

の一層の軽量化を図ることが可能になることである。溶接方法としては生産の高速化に適した、高出力のYAGレーザ溶接が用いられている。

　テイラードブランク溶接による、自動車外パネルの製造プロセスは、**図3-5-1**に示したように3工程から成っている。①最初に、材質や板厚や表面処理の種類の異なる板素材（ブランク材）を、適材適所に配置する。②次に、レーザ溶接でブランク材を溶接する。③最後に、一体となった状態の鋼板をプレス成形する。

　レーザ溶接を用いたテイラードブランク溶接は、従来の点で付ける抵抗スポット溶接に対して、次の二つの長所を有している。一つ目は、レーザ溶接はステッチ（縫い）溶接が可能なことである。「点」ではなく連続的な「線状」に接合することができるため、ボディ剛性が向上する。二つ目は、抵抗スポット溶接が圧接であるため、溶接を行う電極を対象物の両側から押さえ込む必要があり（**図3-4-1**を参照）、溶接する部分の部品形状に制約が生じる。それに対してレーザ溶接は、対象物の片側からだけで溶接が可能であるため、溶接による部品形状の制約が減少し、ボディデザインの自由度向上が図れる。

　本工法は、洋服の縫製に似ているため、「テイラード（仕立て）ブランク溶接」と

図3-5-2　摩擦撹拌接合（FSW　Friction Stir Welding）

呼ばれるようになった。テイラードブランク溶接に用いるレーザ光は、高エネルギー密度で高速で入熱させることができるため、溶接部での強度低下が少なく、薄肉で高強度のハイテン材の溶接にも適している。そのためレーザ溶接は、いまや自動車には欠くことのできない溶接技術となったのである。

　自動車の軽量化ニーズに応えるために、従来の鋼材からアルミニウム（5章を参照）や炭素繊維強化樹脂（7章を参照）などへの材料置換が進められている。アルミ部品の溶接は、従来は抵抗スポット溶接で行われてきたのであるが、いくつか問題点が残されていた。酸化アルミの融点は2054℃で、酸化鉄の融点より約500℃も高く（**図3-2-1**を参照）、それを溶融させて接合するためには、大電流・大加圧力を出せる高額な溶接装置が必要になる。その上溶接品質を維持するために、電極を高い頻度でメンテナンスする必要があり、維持コストも高くなるのである。さらに大電流による溶接熱の影響で、接合部の外観品質は、良好なものにはならないのである。

　このような問題を抱える抵抗スポット溶接に代替するアルミの接合技術として、最近、「摩擦撹拌接合」（Friction Stir Welding：FSW）が注目されている。FSWは、「非溶融」を特徴とする接合技術で、欧米ではすでに航空機機体やロケット用燃料タンクなどの、大型構造物の製造に導入されてきた実績がある。日本ではFSWの派生技術として、「FSWスポット接合技術」が独自開発され、自動車用薄肉アルミニウム合金の接合に、適用されている。

　FSWは、イギリスの接合技術の研究所であるTWI（The Welding Institute）で発明された接合技術である。FSWの原理を、**図3-5-2**に示す。回転ツールが高速回転することにより発生する、摩擦熱（運動エネルギーを熱エネルギーに変換している）によって母材を軟化させて、軟化した母材を互いに撹拌させることによって接合させる、という原理である。抵抗スポット溶接に対して、エネルギーコストが一桁小さく、スパッタがでないという長所がある。

　摩擦撹拌接合は、アルミ同士の接合以外にも適用が可能で、異種材料（鉄とアルミ、アルミと炭素繊維強化樹脂）の接合技術の研究が、現在盛んに行われている。

第4章
クルマを「錆」から守り美人に化かす「めっき」と「塗装」の化学

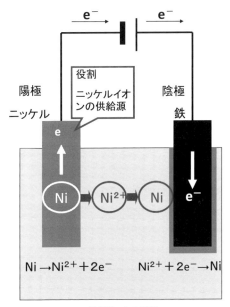

電気めっきの原理

4－1　なぜ鉄は「自発的」に錆びるのか？

　鉄などの金属は、なぜ「自然」に錆びるのであろうか？ 1－1項で説明したように鉄元素Feは、巨大恒星の内部で連鎖的に起こる核融合反応の、最終段階の反応によって創られた元素であった。恒星の中心部に鉄ができると、核融合反応の燃料が尽きるため、巨大恒星は「超新星爆発」を起こし、壮絶な死を迎える。この爆発で発生した「星屑」（Ne、Na、Al、Feなどの元素）が集まって、地球が誕生したのであった。その地球において、海中で植物藻類の光合成により酸素がつくられるようになると、海中の鉄イオンは酸素と自発的に反応し、酸化鉄（Fe_2O_3鉄鉱石）が生成された。

　酸化鉄は、化学的には極めて安定した状態なのである。この安定した状態の酸化鉄に対して、人類は「溶鉱炉」を発明して、コークス（炭素）などの燃料を燃やして、無理やり酸素を除去（還元）して、「鉄」を製錬したのであった。

　自然界（酸素と水がたっぷりとある地球上）では、酸素が取り除かれた単独の鉄は、

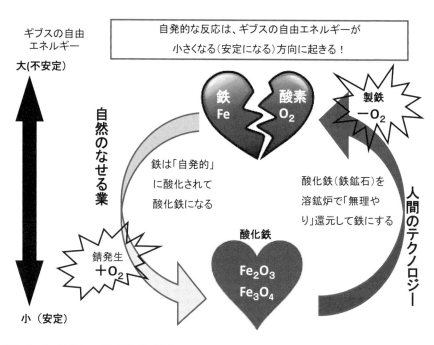

図4－1－1　地球上での鉄と酸化鉄の関係

それまでの安定した状態から、一人ぼっちの不安定な状態（ギブスの自由エネルギー大）になってしまったのである。そこで一人ぼっちの鉄は、酸素という「相棒」を見つけ出して、再び結びつこうと試みるのである。まるで無理やり離婚させられた仲良し夫婦が、互いの「意志」で再婚するようなものである。溶鉱炉で奪い取られた酸素を、鉄があたかも意志を持って、再び奪い返そうとする過程で生成されるのが「錆」なのである。これが、鉄が「自然」に錆びる理由なのである（**図4-1-1**を参照）。

　鉄が錆びるには、鉄の表面に「水」があること、水には「酸素」が充分に溶けていること、が必要条件になる。鉄が錆びるメカニズムは、**図4-1-2**に示したように３段階で説明できる。最初に鉄がイオン化する。①式は簡易表現をしているが、正確には②式で示す鉄の水和イオンとなる。次に③式に基づき、鉄イオンとアルカリとの中和反応で、二価の鉄水酸化物ができる。そして最後に、二価の鉄水酸化物が、④式および⑤式に基づいて酸化されて、錆（FeOOH、Fe_3O_4）を生成するのである。水と酸素が豊富な地球では、自然にまかせれば鉄は錆びる。しかし、錆は人間にとっ

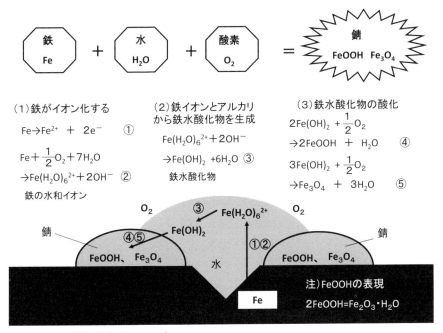

図4-1-2　鉄が錆びる化学的メカニズム

て有益なものではないため、自然に逆らって製鉄技術を開発してきたのと同様に、人間は防錆技術も開発してきたのである。製鉄技術については、1-4項を参照して頂きたい。昔は漆、しぶ(植物から抽出される有機物)や油を塗って防錆していた。現在自動車産業では、「めっき」(2-4項、亜鉛めっき鋼板を参照)、「不動態皮膜の形成」(2-4項、ステンレス鋼を参照)そして「塗装」などの手段を用いて防錆している。次項以降で、「めっき」と「塗装」につて解説を行う。

　日本では、中国の古代思想の影響を受けて、金属に俗称をつけた。金は「こがね」、銀は「しろがね」、銅は「あかがね」、鉄は「くろがね」、鉛は「あおがね」と呼んだ。この代表的な五つの金属に対して、金は黄、銀は白、銅は赤、鉄は黒、鉛は青というように金属と色を一対一対応させたのであった。鉄の黒は加熱してできる酸化物の色である。

　金属の錆にも種々の色がある。白錆、赤錆、黒錆、青錆、緑錆などがある。銅の錆は緑色または赤色、亜鉛とアルミニウムの錆は白色、ニッケルの錆は淡緑色である。鉄の錆の色は、黒色と赤褐色である。このような金属の錆の成分は一般的に、①水酸化物、②水和酸化物、③塩基性塩などで、水溶液中で沈殿したコロイド粒子(0.001〜$0.1\mu m$の大きさ)が、凝集してできたものである。

　鉄の赤褐色の錆は、水和酸化物$Fe_2O_3 \cdot H_2O$と酸化物Fe_3O_4の微粒子が混ざり合って凝集したものである。$Fe_2O_3 \cdot H_2O$は$FeOOH$とも記される(なぜならば、$2FeOOH = Fe_2O_3 \cdot H_2O$だからである)。

　鉄を高温に加熱すると、黒色の錆を発生するが、黒錆の化学成分は$\alpha - Fe_2O_3$(赤鉄鉱)と$\gamma - Fe_2O_3$(磁赤鉄鉱)で、赤褐色の錆とは異なる物質なのである。鉄の赤褐色の錆は、水と酸素があれば常温でも生成する。しかし鉄の黒錆は、水と酸素があっても常温では発生せず、酸素がある環境で高温に熱したときのみに、生じる物質なのである。

4-2　電気の無い時代の金めっき法、「金アマルガム法」

　「めっき」は、紀元前1500年頃にメソポタミアで、鉄器に錫めっきをしたのが起源とされている。錫Snは融点が232℃と低く、火にかけることにより容易に融けることから、鉄の表面に塗って錆を防ぐとともに、白く美しくするために用いられたのである。現在のめっきの分類では、溶融めっきに属する方法である(**図4-2-2**を参照)。

紀元前600年頃、中央アジアで遊牧民族であるスキタイ人は、部族同族からなる王国を建国した。彼らは、動物の姿かたちを意匠にした美術工芸品を、多く遺している。その中に、金でめっき加工された考古遺物が出土したのである。青銅製の美術工芸品の表面に、「金アマルガム法」で金めっきを施したものであった。

　紀元前500年頃、中国では青銅器の表面の彫刻文様の上に、金の薄板をかぶせる金めっきが行われていた。同じく中国では、後漢末期の200年頃に仏教の信仰が広まり、金銅仏（こんどうぶつ）と呼ばれる金めっきした銅製の仏像が、盛んにつくられるようになった。めっき法は、スキタイから伝わったとされる「金アマルガム法」であった。

　古代エジプトでも、装飾品に金めっきが施されるようになった。めっき法は、やはり「金アマルガム法」であった。

　「金」を「水銀」に溶かした合金のことを「金アマルガム」という。装飾品に金アマルガムを塗った後、加熱して沸点の低い水銀（沸点357℃）だけを蒸発させて、金（沸点2857℃）を残してめっき皮膜を形成する方法で、電気がなく、高温状態を操作することが困難であった古代においては、金めっきのほとんどが、この金アマルガム法でなされていたのである。ただし、紀元前250年頃に、メソポタミアで「バ

西暦	主な出来事
BC1500年	メソポタミア北部のアッシリアで、鉄器に錫めっきがされた。
BC600頃 ？	スキタイ人により、青銅器に金アマルガム法で金めっきがされた。
BC500年頃	中国で、青銅器の表面に金の薄板をかぶせるめっきが行われた。
BC250頃	メソポタミアで「バクダッド電池」を電源に用いて装飾品に電気金めっきをした、する説あり。
200年頃	中国で、仏教の信仰が広まり、金めっきした仏像が盛んにつくられた。
6～7世紀	中国からの輸入ではなく、日本人の手による金めっきが刀剣などにされた。
752年	東大寺の大仏にアマルガム法で、金めっきがされた。
794年	平安遷都
1742年	フランスで溶融亜鉛めっきの原理が発見される。
1800年	ボルタ（イタリア）が、世界初の電池を発見。
1805年	ブルニャテッリ（イタリア）が、電気めっき法の原理を発見。
1833年	ファラデー（イギリス）が、「電気分解の法則」を発見。
1837年	現在の溶融亜鉛めっきの原型となる、フラックス法がフランスで発明される。
1850年代	電気化学が学問として発展。ニッケル、真鍮、錫、亜鉛の商用電気めっき法が開発された。
1944年	ドイツの化学者ブレーナーらが電気めっきの実験中に、偶然に無電解めっきの原理を発見。
1952年	米国のGATC社が無電解ニッケルめっきの実用化に成功。

図4-2-1　めっきの歴史

クダッド電池」と呼ばれる電池を電源に用いて、金属の装飾品に、金を「電気めっき」したとする一説も唱えられている。しかし、一般的には遥か時代を下った1800年のボルタ（1745～1827年）の電池が、世界最初の電池であるという説が、常識になっている。

　日本における本格的な「めっき」の発祥は、飛鳥時代における仏像（金銅仏）であるといわれており、仏像のめっき法は、日本においてもやはり「金アマルガム法」が用いられたのである。「アマルガム」とは、ギリシア語で「やわらかいかたまり」を意味し、水銀と金などの金属との合金のことである。
　当時日本語で「金アマルガム」のことを、「滅金（めっきん）」と記していた。水銀に金を入れると、「アマルガム」となって金が溶けて、「金」が「消滅」する現象から生まれた和製漢語で、めっきの語源になった言葉である。
　東大寺の大仏は、聖武天皇の時代に、青銅製の素材に「滅金」を塗って、大仏を加熱し水銀を蒸発させて、金めっき皮膜をつくって黄金に輝かせたのである（**図4-2-1**および**図4-2-2**を参照）。このとき、1トン近くの水銀が蒸発し、周りに拡散

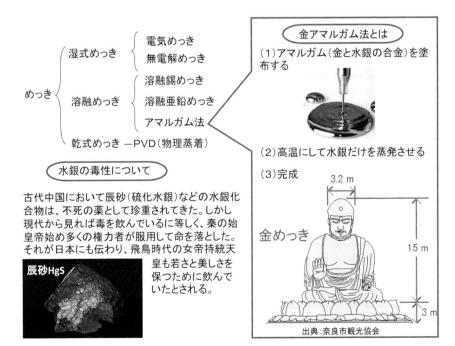

図4-2-2　めっきの分類

したため、奈良の都は水銀に汚染された。水銀は、昭和時代に起きた公害、「水俣病」の発生原因でもある有害物質である。平城京から平安京に遷都された理由の一つが、この蒸発水銀を吸ったことによる、甚大な健康被害であったといわれている。

当時は、水銀が毒物であるという認識はなかったようである。古代中国では、水銀化合物である辰砂（硫化水銀）を、「不死の薬」として珍重していたのである。秦の始皇帝を始め歴史上の多くの権力者が、辰砂を服用して命を落としたとされている。日本でも聖武天皇の4代前の女帝持統天皇は、若さと美しさを保つために愛用していたとされている。

めっき法を分類すると、①水溶液からめっきする「湿式めっき」、②溶融した金属を付着させる「溶融めっき」、③真空状態にして、蒸発させた金属を付着させる「乾式めっき」（物理蒸着）の三つに大別できる（**図4-2-2**を参照）。湿式めっきはさらに、「電気めっき」と「無電解めっき」に分けられる。溶融めっきには、溶融錫めっき、溶融亜鉛めっきなどがあり、アマルガム法もこれに属する。次項で取り上げる「溶融亜鉛めっき」の原理がフランスで発明されたのが1742年、現在の溶融亜鉛めっきの原型となる「フラックス法」が発明されたのは、1837年のことであった（**図4-2-1**を参照）。

4-3　鉄の「犠牲」になって、溶けてなくなる献身的な「亜鉛」

「腐食」とは、金属が環境中の酸素や水などと化学反応を起こして変質し、金属材料としての品質が低下することであった（2-4項を参照）。腐食の代表が「錆」である。自動車の鋼板は、鋼板表面に表面処理を施すことで、防錆している。塗料などの「有機材料」の表面処理が「塗装」で、「金属材料」の表面処理が「めっき」である。めっきを施してある鋼板の代表が、亜鉛めっき鋼板（2-4項を参照）なのである。

めっきの防錆原理から、めっき皮膜は「犠牲皮膜」と「保護皮膜」に大別される（**図4-3-1**を参照）。「犠牲皮膜」は、水中で鉄よりも溶け出しやすい（イオンになりやすい）金属である亜鉛やアルミを被膜とすることで、仮に鉄素地が露出しても、その金属が鉄よりも先に（鉄の犠牲になって）水中に溶けるため（イオン化するため）、鉄を防錆する原理である。4-1項で示したように、鉄が錆びるメカニズムは、鉄がイオン化することから一連の腐食の化学反応が始まったことを、思い出して頂

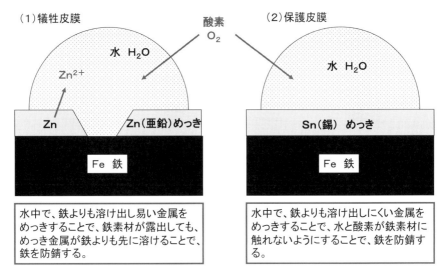

図4-3-1 鉄の防錆の原理

きたい。

「保護皮膜」は、鉄よりも溶け出しにくい（イオンになりにくい）金属である錫などを被覆し、水と酸素が鉄素材に触れないように保護することで鉄を防錆する、という原理である。大雑把にいえばイオン化傾向が水素よりも大きい金属は、水に溶け出しやすく、酸化されやすく、錆びやすい金属である。鉄は、イオン化傾向が水素よりも大きい。一方、イオン化傾向が水素よりも小さい金属は、水に溶け出しにくく、酸化されにくく、錆びにくい金属である。

鉄に対するめっきの製膜方法の代表的なものが、「溶融めっき」と「電気めっき」である。「溶融めっき」とは、亜鉛などの低融点の溶融金属を鉄素材に付着させる方法で、厚い皮膜を形成できる。鉄との「融点差」を利用しており、融点が低いほうが、操作が容易になる。また溶融金属槽に浸すことにより、鉄の熱処理を兼ねることができるのである。

一方「電気めっき」とは、「イオン化傾向の差」を利用するもので、鉄素材を陰極に、亜鉛などめっき金属を陽極にして、めっき金属イオンが解離しているめっき液に電圧を加えて、めっき金属イオンを鉄素材に電気的に付着させる方法である。

イオン化傾向がとても大きいマグネシウムやアルミニウムの水溶液に電圧を加えると、これらの金属イオンが還元されてめっき金属になる前に、「水の電気分解」が起こってしまうため、電気めっきは不可能となる。亜鉛めっき鋼板が多用される理

由は、犠牲皮膜の原理で防錆性能に優れ、かつ溶融めっきも電気めっきも、容易に操作することが可能だからである。

　鉄に亜鉛Znをめっきしたものは、「トタン」として知られている。最近は少なくなったが、以前は納屋などの屋根に「トタン板」として使われていた。一方、鉄に錫Snめっきしたものは、「ブリキ」として知られている。ブリキはかつての日本で、身の周りに、玩具や生活用品としてあふれていたのである。現在でも、缶詰の容器に用いられている。

　日本では大正時代になると、ブリキの国産化が始まった。ブリキの玩具は日本人の器用さが遺憾なく発揮されて、第1次世界大戦の頃には世界トップ水準の生産技術を有するようになったのである。第2次世界大戦に敗れた日本は、駐留アメリカ軍の廃棄物である空き缶などを素材にして、再び玩具づくりを始め、昭和30年代には日本のブリキ玩具は世界を席巻するようになり、戦後の日本経済発展の一翼を担った。

　亜鉛めっきでトタン板として用いられる「トタン」と、錫めっきで缶詰の容器として用いられる「ブリキ」とでは、どちらの方が内部の鉄は錆びにくいのであろうか？　答えは、「表面に傷がついたときは、トタンの鉄のほうがブリキの鉄よりも錆びにくい。表面に傷がついていないときは、ブリキの鉄のほうが錆びにくい」であ

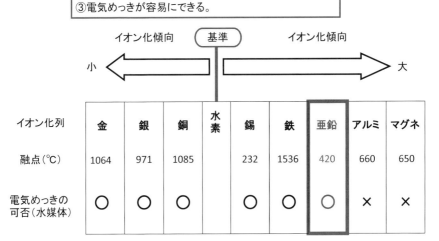

図4−3−2　「亜鉛めっき」が自動車に多用されている理由

る。

　理由は、上に示した「犠牲皮膜」と「保護皮膜」の防錆原理で説明できる。もし、トタンとブリキの表面に傷がついて鉄が露出し、そこに水が付着したとすると、イオン化傾向の差で、トタンでは表面の亜鉛が先に溶け出していくのであるが、ブリキの場合は逆に鉄が溶け出して錆が発生する。このため傷がついて鉄が露出したときは、トタンの方が、内部の鉄が錆びにくいことになるのである。傷がついていないときは、逆に溶け出しにくい錫で覆われているブリキのほうが、内部の鉄は錆びにくいのである。

4－4　「うなぎの蒲焼き」のような日本の「亜鉛めっき鋼板」

　自動車には、鋼板に表面処理を施した種々の表面処理鋼板が用いられている。中でも自動車の耐用年数延長に伴い、ボディ用の鋼板は、通常の熱間圧延鋼板（1－7項を参照）や冷間圧延鋼板（2－1項を参照）から、表面に亜鉛めっきを施してある亜鉛めっき鋼板（2－4項参照）に切り替えられてきた。亜鉛めっきの目的は、錆などの腐食防止である。北米などで冬季に路上に散布される融雪塩の量の増大に伴って、1970年以降に車体腐食という問題が深刻化した。これが契機となり、自動車メーカ各社は自動車の防錆保証期間を設定するとともに、亜鉛めっき鋼板を積極的に採用するようになってきたのである。

　亜鉛めっきの方法には、「溶融めっき法」と「電気めっき法」という二つの方法が存在する。亜鉛は融点が420℃と低いため溶融めっきがしやすく、また適度なイオン化傾向の大きさを有し電気めっきも容易で、「犠牲皮膜」として防錆性能に優れている。このため亜鉛めっき鋼板は、自動車に限らず建築や家電製品などにも多く利用されており、市場で出回っている表面処理鋼板の半分以上が亜鉛めっき鋼板なのである。

　「溶融めっき法」は、2－4項で説明を行ったが、冷間圧延された鋼板を、還元雰囲気中で加熱して焼鈍（内部組織の均一化および内部応力の除去が目的）した後に、鋼板表面を活性化した状態で溶融亜鉛に浸漬して、鋼板の表面に亜鉛を付着させる方法である。一方「電気めっき法」は、厚板を酸洗い槽を通して洗浄した後、電気めっき槽でめっき処理を行い、最後に化成処理を施す方法である。溶融めっき法は、電気めっき法に比べて、めっき層の膜厚を厚くすることができるという特徴を有している。

　自動車鋼板の防錆めっきに用いられる亜鉛は、融点が低く軟らかい金属である。

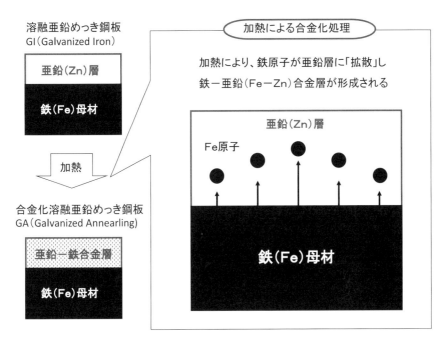

図4-4-1　合金化溶融亜鉛めっき鋼板GAとは

　純亜鉛を溶融めっきした「溶融亜鉛めっき鋼板GI」（Galvanized Iron、2-4項を参照）は、自動車のボディ形状にプレス成形するとき、軟らかい亜鉛がプレス金型に固着してしまうため、魅力的な複雑形状のボディをプレス成形するのが困難になる。また、亜鉛元素が存在することで、鉄と鉄との溶接性も悪化する。加えて自動車外板では、亜鉛めっき鋼板の上にさらに塗装を施すのであるが、塗装に傷がついたときGIは亜鉛の腐食が速いので、塗膜が膨れて外観品質が悪化する、という問題も起こすのである。

　これら三つの問題を解決するために開発されたのが、「合金化溶融亜鉛めっき鋼板GA」（Galvanized Annealing）である。「Galvanize」という言葉は、1791年に「動物電気説」を唱えたイタリア人ガルバーニ（1737〜1798年）の名前に由来する。元々は「〜に電気を流す」という意味に用いられたが、やがて「〜に亜鉛めっきをする」という意味にも用いられるようになった。動物電気説をきっかけとして、ボルタは1800年に電池の原理を発見したのである。

　図4-4-1に示したようにGAとは、亜鉛を溶融めっきした直後に鋼板を加熱して、亜鉛めっき層の中に母材である鋼板の鉄分を拡散させて、亜鉛層を亜鉛-鉄合金

層に改質させたものなのである。プレス成形性などに優れたGAは、現在日本の自動車亜鉛めっき鋼板の主流になっている。欧州において、亜鉛めっき鋼板は電気めっきからスタートした歴史があり、日本ほどGA技術が進んでおらず、現在でも鉄と合金化していないGIが主流となっている。日本は、合金化溶融亜鉛めっき鋼板GA技術において、世界の先端を走っているのである。

　溶融亜鉛めっきを高温で加熱し続けると、鉄が亜鉛めっき層に拡散し続け、鉄濃度が98%まで達して定常状態に落ち着く。しかしここまで行ってしまうと、めっき層はほとんど鉄になってしまい、プレス成形性や溶接性が向上したとしても、本来の目的であった「犠牲皮膜」としての防錆機能が低下してしまうのである。そこで、合金化溶融亜鉛めっき鋼板GAを製造するときの加熱工程では、定常状態に達するずっと前に（鉄濃度10%くらいのところで）、鉄が亜鉛へ拡散する反応を、途中停止するように制御しているのである。

　GAの加熱工程を、「うなぎの蒲焼き」の焼き方にたとえてみる。生のうなぎを焼かない状態は、溶融亜鉛めっき鋼板GIに相当するわけである。うなぎを長時間焼き続けると、すべてが炭になってしまう。これは加熱工程の、定常状態に相当する。

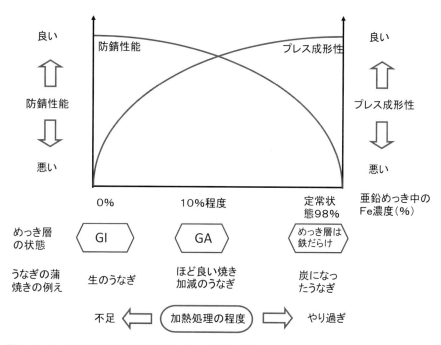

図4-4-2　合金層中の鉄濃度と防錆性能、プレス成形性の関係

ほど良い焼き加減に調整することで、表面がカラッと焼け、中身がジューシな蒲焼きが出来上がるが、この状態が鉄濃度10％程度の合金化溶融亜鉛めっき鋼板GAに相当するわけなのである（図4-4-2を参照）。

4－5　電気めっきの原理、ファラデーの「電気分解の法則」

　前項では、自動車で多く用いられている「亜鉛めっき鋼板」を例にあげて、「溶融亜鉛めっき法」のプロセスについて解説を行った。本項では、もう一つのめっき法である「電気めっき法」を取り上げることにする。電気めっきの原理は、1805年にイタリアのブルニャテッリが発見した。また電気めっき法の基本現象である、「どのくらいの電気を流せば、どのくらいのめっき膜厚になるのか」については、1833年にイギリスのマイケル・ファラデー（1791〜1867年）が発見した「電気分解の法則」によって、説明することが可能である。ファラデーは化学、電気化学および電磁気学の分野において、もしこの時代にノーベル賞があったとすれば（ノーベル賞は1901年から授与が始まる）、いくつものノーベル賞を受賞したに違いない、偉大な功績を残した科学者である。

　彼は「電気分解の法則」を発見する2年前に、「電磁誘導の法則」を発見している。彼のこの「発見」によって、後に発電機が「発明」され、私たち人類は電池に頼らないで電流を生み出すことが可能になったのでる。動力源は水力、火力、原子力、風力など多様である。多くの歴史家は彼のことを「科学史上最高の実験主義者」と称えている。相対性理論を導いたあのアインシュタイン（1879〜1955年）が、尊敬して自宅の壁に肖像画を飾っていた先人はニュートン、マクスウェルそしてファラデーであったといわれている。

　21世紀に生きる私たちは、電気の正体が「電子」であることを知っているわけであるが、電子が発見されたのは1897年で、ファラデーが活躍した時代においては、電子は未確認物質であった。電池は、1800年にイタリアのボルタによってすでに発見されていたが、当時は古代ギリシア時代から知られていた「摩擦で発生する静電気」と、「電池から得られる電気」とが、同じものであるのか否かがはっきりとしておらず、問題になっていた。

　ファラデーはこの問題に果敢に挑戦したのである。彼は電源にエレキテル（摩擦式静電気発生装置）とボルタの電池の両方を用いて、塩化銅（$CuCl_2$）水溶液の電気分解を行い、発生する塩素ガスの量を測定し、それを電気量と見なした。この実験で、静電気を発生させるエレキテルの回転数を増やしていくと塩素ガスの発生量も増加

『電磁誘導の法則』の発見

この「発見」によって、発電機が「発明」され、人類は電池に頼らないで電流を生み出すことが可能になった。動力源は水力、火力、原子力、風力など多様である。

『電気分解の法則』の発見

○第一法則
電気分解によって析出あるいは溶解する金属の量は、その反応を行う時に流れる電気量に比例する。

○第二法則
同一の電気量によって析出あるいは溶解する金属の量は、その金属の化学当量に比例する。

西暦	主な功績
1821年	C_2Cl_4(テトラクロロエチレン)、C_2Cl_6(ヘキサクロロエタン)を合成
1823年	塩素を液化
1825年	ベンゼンを発見
1828年	ブンゼンバーナーを発明
1831年	『電磁誘導の法則』を発見
1833年	『電気分解の法則』を発見

この「発見」は、原子説からの推論により、電気の基本単位「電子」の存在を強く示唆した。

図4-5-1 マイケル・ファラデーの主な功績

していき、ボルタの電池と同程度になったのであった。この実験結果から、電気をつくり出す方法は何であっても、電気の本質は同じであることを、彼が初めて明らかにしたのであった。そしてこの実験から、「電気分解の法則」を導いたのである。電気分解の第1法則は、「電気分解によって析出あるいは溶解する金属の量は、その反応を行うとき流れる電気量に比例する」という内容であり、電気分解の第2法則は、「同一の電気量によって析出あるいは溶解する金属の量は、その化学当量に比例する」という内容である。第2法則は、1808年にイギリスの化学者ジョン・ドルトン(1766～1844年)が提唱した「原子論」からの推論により、電気の基本単位である「電子」の存在を示唆する画期的な理論なのであった。電気めっきのプロセスは、この「電気分解の法則」に従うものなのである。

　電気めっきは、(A)被めっき金属の陰極、(B)めっき金属の陽極、(C)めっき金属の陽イオンが解離しているめっき液、から構成されている。そこに電圧を加える(電気分解する)と、めっき液中の陽イオンは陰極で還元されて、めっき金属になる。鉄にニッケル(Ni)めっきを施す事例を、**図4-5-2**に示す。

　この場合、(A)の被めっき金属は鉄で陰極に、(B)のめっき金属はニッケルで陽

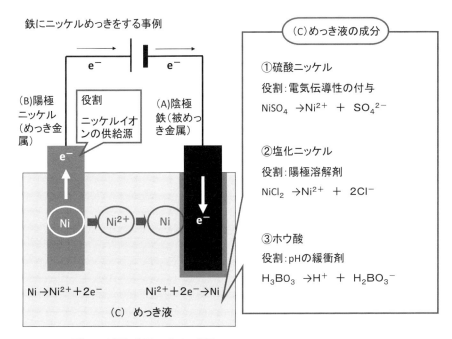

図4-5-2　電気めっき(電気分解)のプロセス概要

極に配置される。そして(C)のめっき液は、①硫酸ニッケル(NiSO₄)、②塩化ニッケル(NiCl₂)、③ホウ酸(H_3BO_3)、という三つの化学物質で構成されている。

　①硫酸ニッケルは電気伝導性を付与する働きをし、ニッケルイオンNi^{2+}と硫酸イオンSO_4^{2-}に解離している。そこに電圧を加えると、ニッケルイオンが陰極の鉄表面まで移動し還元されニッケル金属になるわけである。陽極はニッケルイオンの供給源として働き、ニッケルが液に溶解することにより、ニッケル濃度は一定に保たれるのである。②塩化ニッケルは、陽極を溶解させる陽極溶解剤として働き、③ホウ酸は、pHを安定化させるpH緩衝剤としての働きを担っているのである。

4-6　停電でもできる、「化学的なめっき法」とは？

　電気の力に頼らず、化学的な「還元反応」を利用してめっき皮膜を析出させる方法を「無電解めっき」という。ここでいう還元反応は、例えばNi^{2+} ⇒ Ni のように、金属の陽イオンが電子を受け取って、金属になる反応を意味する。

　「無電解めっき」は、**図4-2-2**に示した「めっきの分類」に従えば、「電気めっき」

とともに「湿式めっき法」に属する。電解とは「電気分解」を略した言葉である。無電解めっきは電気めっきに対して、次の二つの特徴を有している。

めっき膜厚が均一で、めっき膜厚の制御が容易であること。

化学反応を利用しているので、電気を通す金属材料だけではなく、プラスチックやセラミックスといった不導体に対してもめっきが可能で、自動車に用いられているほとんどの材料に対して、めっきを施すことが原理上可能であること。

ただし、無電解めっきに用いることができるめっき金属は、ニッケル、コバルト、銅、錫、金、銀などに限られ、すべての金属をめっきできるわけではないのである。無電解めっきの原理は、めっき金属の「金属塩」、「還元剤」および促進剤などを水に溶解させてめっき液をつくり、pHと液温度を制御し、めっき液に被めっき素材を浸漬すると、めっき金属の陽イオンが「還元反応」を起こしてして金属になり、被めっき素材表面に析出するというものである。

鉄に無電解ニッケルめっきをする事例を**図4-6-1**に示す。めっきは次に記す三つの化学反応に基づいて、進行する。①「ニッケル塩」を水に溶かすと、ニッケル陽イオンNi^{2+}が解離する。食塩（塩化ナトリウム）を水に溶かすと、ナトリウム陽イオンNa^+と塩素陰イオンCl^-に解離するのと同じである。②「還元剤」として用い

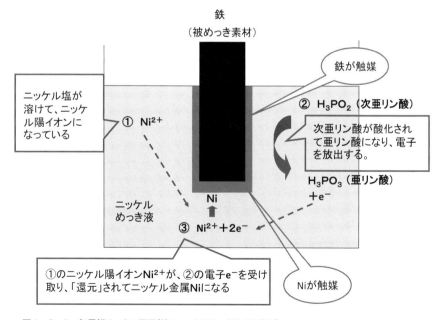

図4-6-1　無電解めっきの原理(鉄にニッケルめっきをする事例)

る次亜リン酸H_3PO_2は、被めっき素材である鉄が触媒となって、酸化されて亜リン酸H_3PO_3に化学変化して、電子e^-を放出する。③この電子e^-と①で生まれたニッケル陽イオンNi^{2+}が結合して、ニッケル金属Niになるのである。

以降はこの析出したNiが触媒となって②の反応が繰り返し起こり、ニッケル金属Niが次々に被めっき素材である鉄の表面に析出するのである。

めっき金属を単独に金属塩として用いれば、その金属のみが析出する。複数のめっき金属塩を組み合わせて溶解させれば、例えばニッケル－コバルト、錫－鉛のように合金のめっき膜を析出させることが可能である。さらにめっき液中に、耐摩耗性や自己潤滑性を向上させるSiCやMoS_2などの微粒子を添加させてやることにより、めっき膜の中にこれらの微粒子を分散させることも可能である。これを「無電解複合めっき」と呼んでいる。**図4-6-2**を参照して頂きたい。

図4-2-1の「めっきの歴史」に記しているように、電気めっきは、その原理が今から200年以上前の1805年に、イタリア人のブルニャテッリによって発見されると、1850年代には早くも実用化されている。それに対して無電解めっきは、第2次世

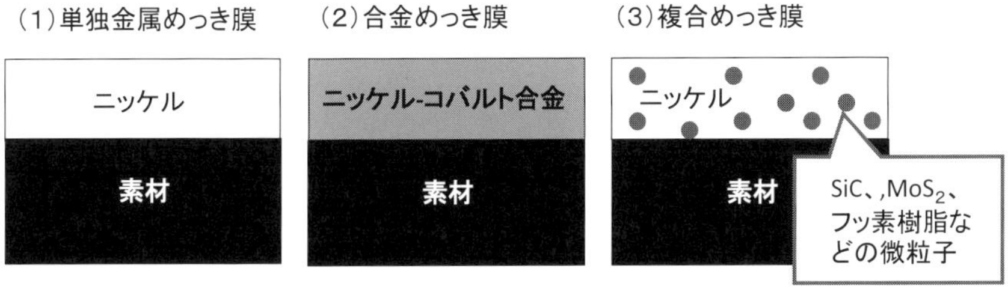

(1)単独金属めっき膜　(2)合金めっき膜　(3)複合めっき膜

図4－6－2　無電解めっきのめっき皮膜の種類とその具体例

セレンディピティとは、失敗とか目的とは異なったものから、思わぬ大発見を生むこと

1944年、ドイツの化学者ブレーナーらは、ニッケルータングステン合金の電気めっきの実験をしていた。次亜リン酸塩を加えためっき液を用いたところ、電流効率が120％に達するという、異常な現象に偶然に出会った。更に研究を進めた結果、めっき皮膜は電解によるものだけでなく、次亜リン酸塩の還元作用によっても析出すること、つまり化学的にめっき膜が形成されることを発見した。

この「無電解ニッケルめっき」は「カニゼン(Kanigen)めっき」と呼ばれており、1952年に米国GATC社により、実用化されました。

Kanigenは、C(k)atalytic（触媒）Nickel（ニッケル）Generation（生成）の頭文字を取ったものである。

図4－6－3　セレンディピティで発見された無電解ニッケルめっきの原理

界大戦後に誕生した、歴史の浅い工法なのである。ここで、無電解めっきの「原理」が発見されたときのエピソードをご紹介申し上げる。

　実は無電解めっきの原理は、「セレンディピティ」で生まれたとされている。第2次世界大戦中の1944年、ドイツの化学者ブレーナーとリッデルは、金属パイプ内面にニッケル－タングステン合金を付ける、電気めっきの実験をしていた。この際、**図4-6-1**に記した「次亜リン酸」の塩を加えためっき液を用いたところ、電流効率が、電気めっきの理論上の限界値100％を超えて120％に達するという、異常な現象に遭遇したのであった。

　2人はさらにこの研究を進めたところ、めっき皮膜は「電気分解」によるものだけでなく、次亜リン酸による還元作用によっても析出することを、つまり「化学的」にもめっき膜が形成されることを、偶然に発見したという経緯だったのである。

　無電解めっきは、「カニゼン（Kanigen）めっき」とも呼ばれており、1952年にアメリカのGATC社により実用化された。Kanigenとは、C(K) atalytic（触媒）、Nickel（ニッケル）、Generation（生成）の頭文字を取った言葉である。

4－7　自動車ボディ塗装の「塗料の成分」とは

　自動車の鋼板は、鋼板に表面処理を施すことで、錆を防いでいる。金属材料の表面処理が「めっき」で、塗料などの有機材料の表面処理が「塗装」である。本章の1項から6項では、自動車の鋼板によく使われている「溶融めっき」、「電気めっき」、「無電解めっき」について、その技術の概要を説明してきた。本章の残り3項で、塗装について解説を行うことにする。

　読者の方々は、自動車を購入されるとき、どのような観点でクルマを選定されているのであろうか？　一般的には、①価格、②燃費、③機能性・安全性、④美観、⑤ブランド、などの項目が挙げられる。最近ハイブリッド車がよく売れている理由は、価格のわりに燃費が良いからである。世界の自動車メーカは、ここに挙げた項目をより良くすることを目標に掲げて、毎日改善を続け、熾烈な競争がグローバルに展開されているのである。

　クルマの「美観」を決めるファクターは、何であろうか？　いろいろ考えられるが、ボディデザインとボディ塗装（色や肌艶）の寄与が、大きいのではないであろうか。自動車のボディ塗装の目的の一つとして「機能保護」が挙げられる。亜鉛めっきのように鋼板からなる車体を錆から守り、クルマの寿命が終わるまで鋼板の強度を保持することである。そしてもう一つの目的が「美観を付加」することで、ボディ

の色、肌、艶などの視覚を通して、私たちユーザーに美しさをうったえて、購買意欲をかり立てているのである。このように、クルマの売上げに直結する自動車の塗料と塗装について、以降説明を加えることにする。

クルマのボディ色を決める顔料・染料は、クルマの塗料以外にもインク、絵具や衣類繊維の「着色」に利用されている。古くは、鉱物や動植物から採取した「天然物質」が、顔料・染料として用いられていた。しかし、現在ではそのほとんどが、工業的に化学合成して製造されている「化学物質」なのである。

「顔料」は水や溶媒に不溶であるのに対して、「染料」はスルホニル基（$-SO_2-$）などの官能基を有することで、水や溶媒に溶解することを特徴としている。いずれも、「特定の波長」の光を、選択的に吸収する。物体に「吸収される色」と、その物体が「見える色」の関係は、「光の三原色の原理」に基づいて説明することができる（4－9項を参照）。

顔料・染料（以降顔料と記す）は、**図4-7-1**に示すように、化学構造（有機・無機）と色調によって分類することができる。一般的に「無機顔料」は、安価で耐熱性が

	白	黒	黄	橙	赤	紫	青	緑	金属光沢	パール調
無機顔料	酸化チタン	カーボンブラック 黒色酸化鉄	ニッケルチタンイエロー 黄鉛 黄色酸化鉄	硫酸モリブデン酸クロム酸鉛	赤色酸化鉄 カドニウムレッド		コバルトブルー 群青	酸化クロム	アルミ粉末 銅粉末	チタンコートマイカ
有機顔料			←モノアゾ系→ ←ポリアゾ系→ アンスラピリミジン ←イソインドリノン→	←モノアゾ系→ ←ポリアゾ系→ アンザンスロン ←イソインドリノン→	←ペリレン→ ←キナクドリン→ ←イソインドリノン→	ジオキサジン チオインジゴ ←ペリレン→ ←キナクドリン→	←銅フタロシアニン→	←銅フタロシアニン→		

図4－7－1　顔料を入れることで表現される色調

良好なのであるが、色調が限定され、しかも重金属による毒性が問題になることがある。一方「有機顔料」は、鮮明で広範囲の色調が得られるのであるが、一般的に高価で耐熱性や耐薬品性で問題になることがある。

「着色」を目的とした顔料に求められる性能として、日光の紫外線に対する安定性である「耐光性」が挙げられ、自動車の耐用年数延長に伴い、長期の使用でも変色や退色が少ない顔料が求められているのである。

このような「固体の顔料」を、溶剤に溶けて「液体になっている樹脂」の中に入れて、練り合わせ分散させたものの中に、さらに塗膜性能の向上を図る目的で「添加剤」と呼ばれる成分を加えたものが、「塗料」なのである。つまり塗料は、①顔料、②樹脂、③溶剤・シンナー、④添加剤の四つの化学成分で構成されているのである。

「樹脂」は、顔料を均一に分散させ、塗膜に光沢・硬さ・付着性・耐久性を与える役割を担っており、熱硬化性樹脂が用いられている。「熱硬化性樹脂」は、顔料を混ぜる時点では、低分子で溶剤に溶けた液体であるため、顔料が分散しやすい状態になっているのであるが、焼き付け工程で高温にすると、「硬化（架橋）反応」

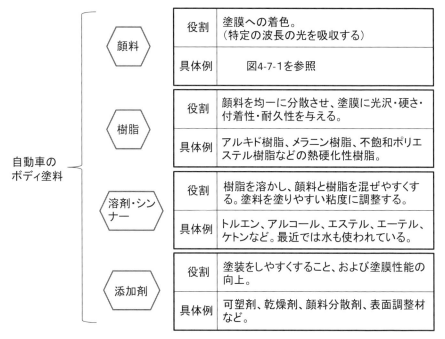

図4－7－2　自動車ボディ塗装の「塗料の成分」

を起こす。この化学反応で高分子化して固体に変化し、「塗膜」を形成する。高分子になった熱硬化性樹脂の分子構造は、3次元網目構造をしているため、「光沢」のある「硬い」塗膜を形成するのである。

「溶剤」は、樹脂を溶かし、顔料と樹脂とを混ぜやすくする役割を果たしている。「シンナー」は、塗料を塗りやすい粘度に調整する役割を担っている。溶剤とシンナーは、焼き付け工程で、気体となり蒸発する。「添加剤」は、塗装の施工性および塗膜の性能向上を図る役割を果たしている。**図4-7-2**に、自動車ボディ塗料の成分構成を記した。

4−8　自動車ボディ塗装の「塗膜形成メカニズム」とは

　自動車ボディ塗装で用いられる塗料は、①顔料、②樹脂、③溶剤・シンナー、④添加剤の四つの成分で構成されていることを、前項で説明した。このような成分で構成される塗料は、被塗装物に塗装された後（塗装の方法は種々存在する）、「焼き付け工程」で加熱されて「液体の塗料」から「固体の塗膜」に化学変化するのである。この変化の過程を、「成膜過程」という。塗膜が形成されるメカニズムを、次に説明する。

　塗料に使われている樹脂成分は前節でも説明したように、一般的には熱硬化樹脂を用いている。7章で説明することになっている、自動車の内装部品、外装部品あるいはエンジン周りの機能部品に用いられている「ポリプロピレン樹脂」や「ナイロン樹脂」は、「熱可塑性樹脂」と呼ばれる樹脂の種類に属している。熱可塑性樹脂で成形された部品は、融点以上の温度まで温度を上げると、溶融して液体状になるのである。

　これに対して塗料の樹脂成分（**図4-7-2**を参照）として用いられるアルキド樹脂、メラニン樹脂、不飽和ポリエステル樹脂などは「熱硬化性樹脂」に属し、熱可塑性樹脂とは異なった性質を示す。熱硬化性樹脂は、常温では低分子で液体状態であるが、硬化剤を加えて焼き付け工程で120～150℃以上の高温にすると、「架橋（硬化）反応」と呼ばれる化学反応が進んで、高分子化して固体になるのである。緻密な3次元網目構造をしているため、光沢、硬さなどの塗膜性能に優れている。架橋反応して3次元網目構造を一旦形成した熱硬化性樹脂は、その後いくら高温にしても、あるいは溶剤に浸しても、二度と溶融することはないのである。この点が熱可塑性樹脂と根本的に異なる特性なのである。

　「液体の塗料」から「固体の塗膜」に変化する、塗膜の形成メカニズムを**図4-8-1**に

示した。塗料は、顔料、樹脂、溶剤、添加剤の四つの成分で構成されているのであるが、樹脂成分は有機溶剤に溶けた状態になっている。塗料の段階では、樹脂は未だ低分子の状態である。そこに硬化剤（過酸化物など）を配合して、「焼き付け工程」で120〜150℃以上の高温になるまで加熱すると、不飽和基（－C＝C－）を起因とする化学反応が起こり、低分子同士が3次元的につながった構造の高分子が形成されるのである。

同時に、樹脂を溶かしていたトルエンなどの有機溶剤やシンナーは、塗料の中から蒸発して、大気中に姿を消す。残された物質は、「固体の顔料」、「高分子になった固体の熱硬化性樹脂」、「固体の添加剤」で、これらの三つの物質で、「硬く」て「光沢」のある固体の「塗膜」が形成されるのである。「顔料」の効果で、塗膜は「ねらい通りの色」に見えるのは、元よりのことである。

自動車ボディの塗装は、一般的には「下塗り」、「中塗り」、「上塗り」の3層から構成されている。自動車の形に組み立てられたボディは、脱脂などの前処理工程を経た後に「下塗り工程」に入る。下塗り塗装は、以前は、組み立てられたボディそのものを、単に塗料を満たした大きな槽に浸漬して塗料を付着させる、「ディッピン

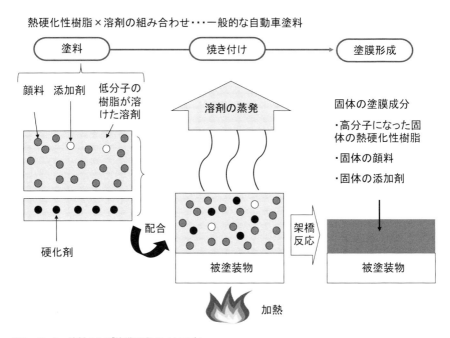

図4-8-1　塗料からの「塗膜形成」のメカニズム

グ塗装」と呼ばれる塗装方法が広く採用されていた。しかし1960年頃から、塗料の付き回り性が良く、しかも複雑な構造の被塗物にも均一な塗膜が塗着できる、「カチオン電着塗装」を採用するようになり、現在では、「カチオン電着塗装」が主流となっている（**図4-8-2**を参照）。

「カチオン」とは、＋の電荷を帯びている「陽イオン」のことである。電着塗装は電気めっきの原理（**図4-5-2**を参照）で塗る水溶性塗装（溶剤にトルエンなどの有機物ではなく、水を用いる塗装）の一種である。被塗装物ボディを－に帯電させ、＋イオンの塗料粒子（エポキシ樹脂）を、電気の＋－が引き合う力で被塗装物に付着させるため、自動車ボディのような複雑形状品に対しても、均一な塗膜が塗着できるのである。大きな槽にボディを浸漬しなければならないという観点では、ディッピング塗装と同じである。電着塗装工程で塗料を付けた後、焼き付け工程で塗膜を硬化させるのである。

下塗りである電着膜は、自動車の「防錆」の基礎となるものである。現在普及しているエポキシ樹脂を主体としたカチオン電着塗装は、10年保証に耐えられる優れた防錆性能を有しているのである。

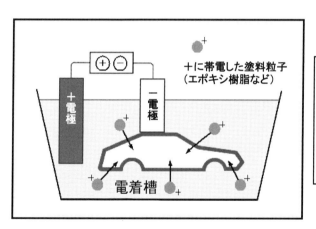

図4－8－2　自動車の下塗り…カチオン電着塗装

4−9　自動車ボディ塗装「下塗り」「中塗り」「上塗り」

　前項では、液体の「塗料」から固体の「塗膜」が形成されるメカニズムについて述べた。また自動車ボディの塗装は、下塗り、中塗り、上塗りの3層から構成されていることと（場所によっては2層有り）、そのうちの「下塗り」に関して説明を行った。本項では自動車ボディ塗装の、残りの「中塗り」「上塗り」についての説明を加える。

　中塗りおよび上塗りは、「霧化静電塗装」で塗装されるのが一般的である。霧化静電塗装は、霧状の塗料を噴き付けるという点で、私たちが日曜大工で使う「スプレー缶」の塗装に似ている。霧化静電塗装とはスプレー塗装の一種で、アースした被塗物（自動車ボディなど）を正極、塗料噴霧装置（スプレーガンのこと）を負極として、高電圧を加えて両極間に静電界をつくり、塗料微粒子を負に帯電させて塗装する方法である。静電気の力によって塗料が引き寄せられるため、効率良く被塗物に塗料を付着させることが可能である。

　「中塗り」の役割は、下塗り電着層の荒れた表面を隠蔽して、上塗り塗装が美観性を出す手助けをすることにある。また、下塗り層と上塗り層を強固に密着させ、走行中に道路からの石跳ねによって生じるチッピング剥がれを防ぐ役割も担っている。中塗り塗料の樹脂は、オイルフリーポリエステル樹脂が主で、他にメラニン樹脂、エポキシ樹脂が用いられ、これに酸化チタン、カーボンブラックなどの着色顔料と体質顔料が分散されている。

　「上塗り」塗膜には意匠を含めた外観品質（美観）の確保、長期にわたる屋外耐久性の付与が求められており、新車の魅力をいかに高めるかが問われている。美観の表現方法には、着色顔料の特性により、①さまざまな色を発色させる「ソリッドカラー」、②着色顔料とアルミフレークを組み合わせることにより、金属光沢感を与える「メタリックカラー」、③ニーズの多様化や個性化に対応する意匠塗装（マイカ系）などの種類がある。

　最近人気の高いメタリックカラーは、「ベース／クリア　2塗装・1回焼き付け」という塗装プロセスを経て、塗膜が形成されている。この塗装プロセスは、「色」を出す「ベース層」と、「平滑性・耐久性」を付与する「クリア層」を塗り重ねた後、最後に二つの塗料を同時に焼き付けて、塗膜を形成する方法である（**図4-9-1**を参照）。

　上塗りベース層の塗料には、さまざまな色に見える着色顔料と光輝感を与えるアルミフレークが処方されている。クリア層は最上層塗膜であるため、外観品質のほ

か、耐候性、耐擦り傷性など市場環境下での劣化要因に対する、高い抵抗性が要求されている。またウェットオンウェット工程で塗装されるため、ベース層とクリア層との混層を防ぐ必要もある。上塗り塗料の樹脂にはポリエステル樹脂、アルキド樹脂、アクリル樹脂が用いられている。

　2006年以降、大気汚染防止の観点で日本でもVOC(揮発性有機化合物、トルエンなどの有機溶剤のこと)に関する法制化がなされた。また、地球温暖化の原因とされるCO_2排出低減も叫ばれている。4－7項で説明したように、塗料の主成分の一つが有機溶剤である。自動車ボディ塗装の中では、中塗りと上塗り塗料のVOC量が多いことから、北米、欧州、日本では、有機溶剤を用いない「水溶性塗料」や「粉体塗料」の研究開発が、盛んに行われてきたのである。その結果、現在では「水溶性塗料」が主流になってきている。水溶性塗料は、主としてアクリル系樹脂に親水基(－COOHなど)を多く導入し、これをアンモニア、有機アミンなどで中和し、水溶化したものである。

　また自動車メーカは、CO_2排出削減の一環として、塗装工程で消費される熱エネ

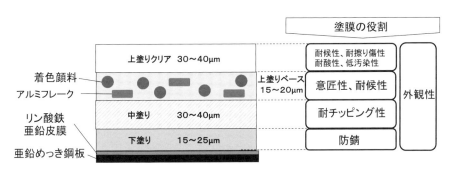

図4-9-1　自動車鋼板塗膜の構成概略図(メタリックカラーの場合)

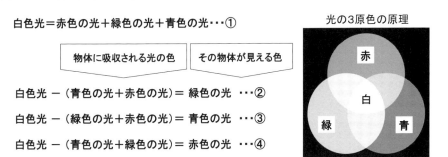

図4-9-2　物体によって吸収される光の色とその物体が見える色との関係

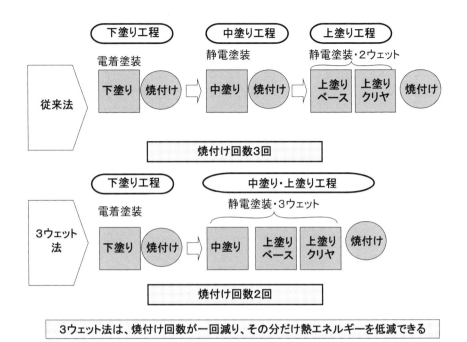

図4-9-3　自動車ボディ塗装のプロセス図

ルギーを低減する取り組みを進めている。塗装工程の中では、焼き付け工程で多くの熱エネルギーを用いるため、中塗りの焼き付け工程を廃止して、「中塗り／上塗りベース／上塗りクリア」という三つの塗料を重ね塗りした後に、たった１回の工程で焼き付ける「３ウェット方式」の開発が進められている（**図4-9-3**を参照）。自動車塗装工程でのエネルギー低減方策の本命として、外観品質が低下する技術課題を克服しつつ、着実に採用が拡大している。

　物体に吸収される光の色と、その物体が見える色との関係は、「光の三原色の原理」に基づいて説明できる（**図4-9-2**を参照）。例えば植物の葉っぱが「緑色」に見える理由は、②式に示すように、葉っぱの色素クロロフィルが「青色の光」と「赤色の光」を吸収するからである。真っ赤なスポーツカーが真っ赤に見える理由は、④式に示すように塗膜の中に「青色の光」を吸収する「顔料」と「緑色の光」を吸収する「顔料」が入っているからである。

第5章
自動車の「軽量化」をリードする「アルミニウム」

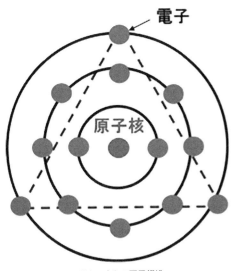

アルミニウムの原子構造

5－1 「アルミニウム」の歴史が浅いのは、なぜか？

　非鉄金属を代表するアルミニウムの「地殻」での存在量は、酸素、ケイ素に次ぐ第3位で、鉄よりも多い（**図1-2-1**を参照）。それにも関わらず、人類がアルミニウムを工業的に使い始めるようになったのは、たった130年前のことである。金の歴史はおよそ6000年、銅は5800年、鉄は3500年といわれているが、アルミニウムはこれらの金属と比べると、極めて短い歴史しか持っていないのである。それはなぜであろうか？

　貴金属の王様である金は、地表から深さ10マイルまでの岩石に含まれる元素の割合を示すクラーク数（**図6-1-2**を参照）が、アルミや鉄の1000万分の1と、極めて微量にしか存在しないのにも関わらず、人類は約6000年前に発見している。なぜであろうか？

　それは、「標準電極電位」（**図5-1-3**を参照、後半で説明する）の値と非常に関係があるのだ。金はあらゆる金属の中で最も標準電極電位が大きい、つまりあらゆる金属の中で最も酸化されにくい、錆びにくい金属なのである。従って、砂金などの形で金単独として地表に存在し、「黄金色」に光り輝いてその存在を主張していたため、人類はそれを最初に発見し、装飾品などにして使い始めたのである。

　金の次に人類が使い始めた銅は、銅単独では存在せず、酸化銅として地表に存在していた。銅を得るためには人類は、酸化銅を溶融して酸素を除去（還元）する「溶鉱炉」を発明する必要があった。銅の次に人類が使い始めた鉄は、銅と同じく鉄単独では存在せず、酸化鉄として存在した。しかし、酸化鉄は酸化銅よりも300℃以上融点が高いため、鉄を得るためには、より高温を発生させる「ふいご」や多段式の溶鉱炉など（**図1-3-3**）、さらに高度な製錬技術を発明する必要があったため、銅より時間を要したのである。

　いっぽう、アルミニウムそのものの融点は、鉄よりもかなり低く660℃なのであるが、地表には酸化アルミニウムAl_2O_3という姿でしか存在しておらず、その酸化アルミの融点は、酸化鉄の融点よりも500℃程度高く、2000℃を超えるのである。そのため、酸化アルミからアルミを取り出す溶鉱炉の技術（製錬技術）は、鉄鉱石から鉄を取り出す溶鉱炉の技術よりも、はるかに難しくなるのである。人類は結局、酸化アルミからアルミを取り出す製錬技術を、つい最近になるまで、見つけ出すことができなかった。酸化アルミニウムの融点が非常に高温であることが、アルミニウムの歴史が浅い理由なのである。

　金属と酸素の結合力の強さは、理論的には標準生成自由エネルギー$\varDelta F$として表

現できる。この値の絶対値が大きいほど還元しにくい、つまり酸素を奪って金属を製錬することが難しいことを意味する。｜⊿F｜と金属の歴史の関係を**図5-1-2**に示した。｜⊿F｜は、金、銅、鉄、アルミの順で大きくなっていく。｜⊿F｜が小さい金属ほど、古くから製錬されていた、あるいは発見されていた、ということができるのである。

4章では、自動車で用いられている「めっき工法」を一通り見てきた。溶液中の「金属陽イオン」が電子を受け取り（還元されて）、「めっき金属」になることが、電気めっきの原理であった。物質の電子の授受のしやすさを、定量的に表したものが「標準電極電位」または「標準還元電位」と呼ばれるもので、電気めっきや電池などの電気化学において、最も重要な指標なのである。

標準電極電位は、「物質が電子を授受するときの平衡状態になる電位」を意味する。わかりやすく表現すると、金属陽イオンが電子を受け取って（還元されて）、金属への変化のしやすさを表す。カリウムのような「卑金属」は、小さな値（負の値）

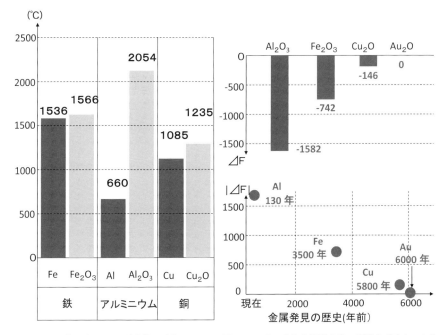

図5-1-1　主な金属とその酸化物の融点

図5-1-2　主な金属酸化物の標準生成自由エネルギー⊿F(kJ/mol)

第5章 自動車の「軽量化」をリードする「アルミニウム」　101

材質	標準電極電位E^0 (V)
$Au^{3+} + 3e^- = Au$	+ 1.52
$Pt^+ + e^- = Pt$	+ 1.19
$Ag^+ + e^- = Ag$	+ 0.80
$Cu^{2+} + 2e^- = Cu$	+ 0.34
$2H^+ + 2e^- = H_2$	0
$Pb^{2+} + 2e^- = Pb$	− 0.13
$Sn^{2+} + 2e^- = Sn$	− 0.14
$Ni^{2+} + 2e^- = Ni$	− 0.26
$Co^{2+} + 2e^- = Co$	− 0.28
$Fe^{2+} + 2e^- = Fe$	− 0.44
$Cr^{3+} + 3e^- = Cr$	− 0.74
$Al^{3+} + 3e^- = Al$	− 1.68
$Mg^{2+} + 2e^- = Mg$	− 2.36
$Na^+ + e^- = Na$	− 2.71
$Ca^{2+} + 2e^- = Ca$	− 2.84
$K^+ + e^- = K$	− 2.93
$Li^+ + e^- = Li$	− 3.04

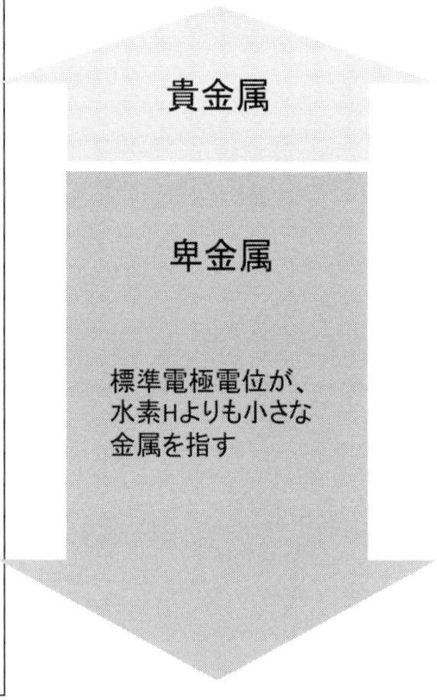

貴金属

卑金属

標準電極電位が、水素Hよりも小さな金属を指す

図5−1−3　主な金属の標準電極電位E^0(V vs SHE)

を示し、還元されにくく（金属陽イオンから金属になりにくい）、金のような「貴金属」は大きな値（正の値）を示し還元されやすい（金属陽イオンから金属になりやすい）。逆に、標準電極電位の小さな「卑金属」は、電子を与え酸化されやすく（金属から金属陽イオンになりやすく、錆を発生しやすい）、標準電極電位が大きな「貴金属」は、電子を与え酸化されにくい（金属から金属陽イオンになりにくく、錆を発生しにくい）、ともいえるのである。

　アルミニウムは卑金属に属し、「標準電極電位」が小さいため、容易に酸化されて酸化アルミニウムAl_2O_3を生成する。一度生成した酸化アルミニウムAl_2O_3は、「標準生成自由エネルギー」｜⊿F｜の値が大きく、「融点」が高いため、容易に製錬（還元）できなかったのである。

5-2 「最も素直な構造」であるアルミニウムの原子構造

　アルミニウムAlは、前項で説明したように酸化されやすく、酸素と反応して酸化アルミニウムAl_2O_3を生成する。このように、アルミニウムは酸素だけでなく、他の元素と化学結合しやすい性質を持っているのである。その理由は、「最も素直な構造」といわれているその原子構造に起因しているのである。原子番号13のアルミニウムは、図5-2-1に示すように、全部で13個の電子が幾何学的に対称に配置されている。このため、最外殻の三つの電子は他の元素と結合しやすくなり、酸化物のみならずミョウバンなどの複雑な構造の化合物を生成するのである。

　酸素との結合力が強く、融点が高い酸化アルミを、人工的に還元してアルミニウムを取り出す製錬技術を人類が発見してから、まだ130年しか経っていない。しかしアルミニウムそのものではないが、アルミニウムの化合物まで範囲を広げると、人類とアルミの関わりの歴史は、一気に紀元前まで遡るのである。

　酸化アルミニウムAl_2O_3は、「アルミナ」とも言い、古くから高級宝石として珍重されてきた鋼玉の、主成分なのである。クロムが微量に含まれると紅色のルビーとなり紅玉と呼ばれ、コバルトが微量に含まれると青色のサファイアとなり青玉と呼ばれたのである。ちなみにルビー（紅玉）は、ダイヤモンドの研磨法が発見されるまでは、世界で最も珍重された宝石。ヨーロッパ史上最大のルビーは、1777年サンクトペテルブルグを訪れたスウェーデン王のグスタフが、ロシアのエカテリーナ女帝（1729～1796年）に贈ったもの、とされている。エカテリーナ女帝の男性遍歴の多さは伝説になっている。

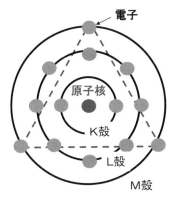

$_{13}Al$
$[1S]^2[2S]^2[2P]^6[3S]^2[3P]^1$

原子番号13のアルミニウムには、全部で13個の電子が存在する。1番内側の（エネルギー順位の低い）K殻には2個の電子が、2番目のL殻には8個の電子（内訳は、s軌道に2個、p軌道に6個）が、最外殻のM殻には3個電子が存在する。
13の電子は左図に示すように幾何学的に対称に配置されているため、最外殻の3つの電子は他の元素と結合しやすくなる。

図5-2-1　アルミニウムの原子構造

明礬(ミョウバン)は自然界の生成物であり、土器の素材、染色剤への添加剤、革なめし剤、皮膚の炎症治療薬、目薬、浄水剤などに古くから使われてきた。一般的にミョウバンは、硫酸カリウム・アルミニウムの12水和物である $AlK(SO_4)_2·12H_2O$ のことを意味する。ただしこれ以外にも、鉄ミョウバンやアンモニウム鉄ミョウバンなどがあり、混同を避けるために、カリウムミョウバンと呼ぶこともある。

ドイツの化学者マルクグラーク(1709〜1782年)は、ミョウバンの主成分が硫酸アルミニウムであることと、それが「粘土」の一成分であることを明らかにしたのであるが、ミョウバンからアルミニウムを直接的に製錬することはできなかった。

尿素の人工合成に成功して、無機物から有機物を合成できることを発見したドイツの化学者ウェーラー(1800〜1882年)は、1827年に塩化アルミニウム $AlCl_3$ をカリウムで還元して、アルミニウムの単離に、実験室レベルで成功したのであった。

1855年フランスの化学者ドビーユは、ナトリウムで酸化アルミニウムを還元して、実験室レベルでアルミを単離するのに成功した。彼はパリの万国博覧会に、「粘土からつくられた銀」という触れ込みで展示したところ、非常に多くの注目を浴びたの

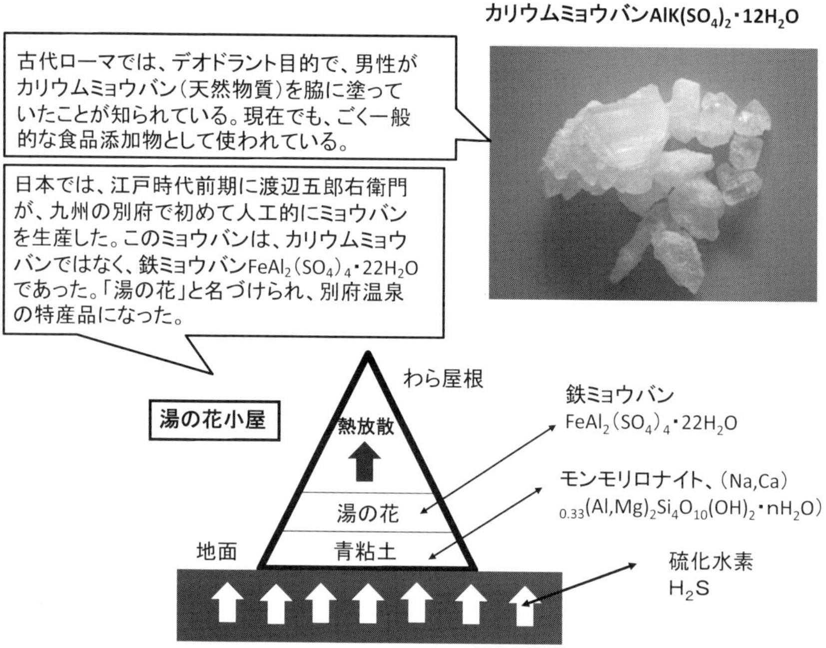

カリウムミョウバン $AlK(SO_4)_2·12H_2O$

古代ローマでは、デオドラント目的で、男性がカリウムミョウバン(天然物質)を脇に塗っていたことが知られている。現在でも、ごく一般的な食品添加物として使われている。

日本では、江戸時代前期に渡辺五郎右衛門が、九州の別府で初めて人工的にミョウバンを生産した。このミョウバンは、カリウムミョウバンではなく、鉄ミョウバン $FeAl_2(SO_4)_4·22H_2O$ であった。「湯の花」と名づけられ、別府温泉の特産品になった。

湯の花小屋

わら屋根
熱放散
湯の花
青粘土
地面

鉄ミョウバン
$FeAl_2(SO_4)_4·22H_2O$

モンモリロナイト、$(Na,Ca)_{0.33}(Al,Mg)_2Si_4O_{10}(OH)_2·nH_2O$

硫化水素
H_2S

図5-2-2 明礬(ミョウバン)とは

であった。彼はこの新しい金属に、「アルミニウム」と初めて名を付けたのである。アルミニウム Aluminium の語源は、ミョウバン（Alum）に由来する。

　古代ローマでは、デオドラント目的で、男性がミョウバンを脇に塗っていたことが知られている。古代ローマというのは日本に近い文化を持っており、非常に清潔好きな人が多かったようで、温泉も流行していたのである。ローマ皇帝の中には、毎日のように通うほどの温泉好きがいた。ローマ史上に残る暴君として知られるカラカラ帝（188～217年）は、温泉好きが高じて、「カラカラ浴場」と呼ばれる大浴場を建設したのであった。

　日本では、江戸時代前期に渡辺五郎右衛門が、九州の別府で初めて人工的にミョウバンを生産した。このミョウバンは、カリウムミョウバンではなく、鉄ミョウバン $FeAl_2(SO_4)_4 \cdot 22H_2O$ で、別府温泉の特産品になり、「湯の花」と名づけられた。江戸時代から続くその独自の製法は、平成18年に国の重要無形民俗文化財に指定されている。

　この地域は温泉地帯で、いたる所で温泉ガス（硫化ガス H_2S）が勢いよく噴出している。そこに青粘土（モンモリロナイト、$(Na,Ca)_{0.33}(Al,Mg)_2Si_4O_{10}(OH)_2 \cdot nH_2O$））を敷き詰め、三角屋根のわら葺き小屋を建設して、その中で青粘土と硫化ガスを化学反応させて、鉄ミョウバンである「湯の花」を合成したのである（**図5-2-2**を参照）。江戸時代から、止血剤や下痢止め薬として、重宝されてきた。

　一方カリウムミョウバンは、ナスの漬物の発色を良くする添加物、あるいはウニの保存料など、現在でもごく一般的な食品添加物として使われている。

5-3　自動車の軽量化の鍵を握るアルミニウム

　アルミニウムは、「軽金属」を代表する金属で、自動車の軽量化を図る材料として、プラスチック（7章で取り上げている）とともに、近年自動車への採用が増えている。「軽金属」とは、比重が4.0より小さい金属の総称で、アルミニウムをはじめ、電気自動車用の2次電池電極材として注目されているリチウムなどのアルカリ金属、マグネシウムなどのアルカリ土類金属から成っている。比重4.5のチタンを軽金属に含める場合もある。「重金属」である金の比重は19.3で、リチウムに対して約40倍、アルミに対して7倍以上大きい数値となっている。また、オリンピックのメダルの順位と同様に、比重の大きさも金、銀、銅の順になっているのである（**図5-3-2**を参照）。

アルミニウムは、以前「軽銀」と呼ばれていた。これは、「銀」よりも軽く、「銀」のように美しい金属である、ということを意味する。このアルミニウムとマグネシウムおよびチタンを主体とする合金のことを「軽合金」と呼んでいる。純金属としてのアルミは、強度はあまり高くない。そこでシリコンやマグネシウムなど、他の元素を添加して強度を向上させた「アルミニウム合金」として、工業用材料に活用しているのである。私達が、日常見たり触れたりするアルミ製品は、「アルミ箔」以外ほとんどすべてのものが、アルミニウム合金なのである。

　環境や安全に対する消費者意識が高まる中で、排出ガスや燃費、リサイクル、安全性など、自動車産業に対する社会の要求は一層厳しさを増している。とりわけ近年は環境問題の深刻化に伴って、日本や欧米先進諸国を中心に、クルマのCO_2排出量などの規制が大幅に強化されつつあり、各自動車メーカは対応に追われている。

　排出ガスの低減や燃費向上を実現するには、エンジンの燃焼効率向上と併せて車体の軽量化が不可欠である。しかし最近の自動車は、安全性や快適性向上のための大型化や装備の充実によって、モデルチェンジをするたびに総重量がむしろ増加する傾向にある。

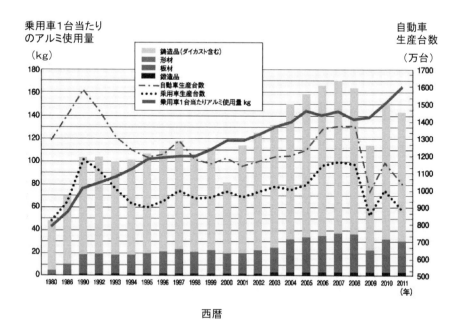

図5-3-1　乗用車1台当たりのアルミの使用量の推移

そのため各自動車メーカは、現在、自動車ボディや主要部品の材質変更による車両軽量化に、積極的に取り組んでいる。こうした中で、プラスチックとともに注目を集めている材料が、比重が2.7と鉄の約3分の1しかないアルミニウムなのである。

　軽量性に加え、強度や加工性、耐食性、熱伝導性、リサイクル性など優れた特性を持つアルミニウムは、これまでも、例えばエンジン回りの部品では、シリンダーブロック、シリンダーヘッド、エンジンピストン、オイルポンプなどに用いられてきた（**図5-3-3**を参照）。また、アルミは熱伝導性にも優れており、ラジエーターをはじめとする自動車用熱交換器に用いる材料は、熱伝導性には優れるものの鉄よりも重い銅（比重9.0）から、銅の3分の1以下の比重のアルミニウム合金に代替されてきた経緯がある。

　さらに、ドライブトレイン系の部品ではトランスミッションのケースなど、ブレーキ系部品ではブレーキマスターシリンダーやブレーキキャリパーなどに、シャーシ系部品ではサスペンションアーム、ホイールなどにもアルミニウム合金は用いられてきたのである。

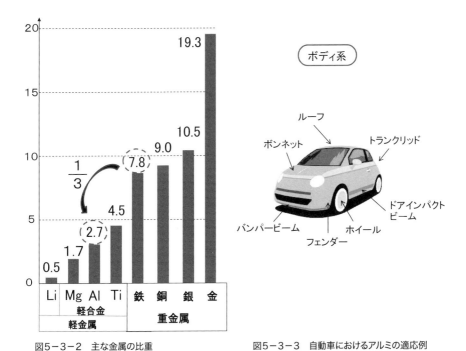

図5-3-2　主な金属の比重　　　　　　　図5-3-3　自動車におけるアルミの適応例

第5章　自動車の「軽量化」をリードする「アルミニウム」　107

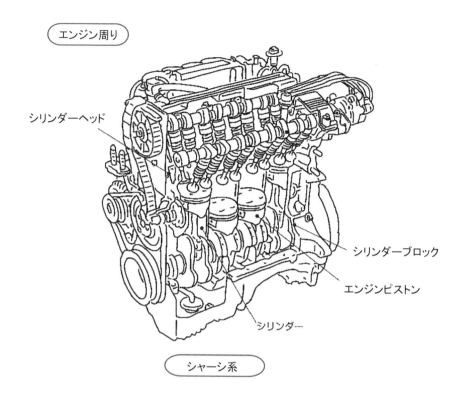
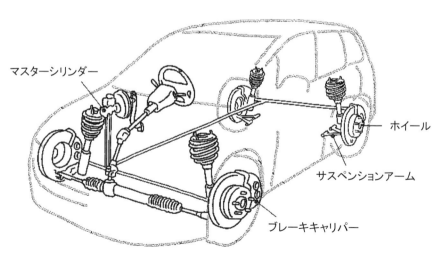

図5-3-3 自動車におけるアルミの適応例

図5-3-1に、（社）日本アルミニウム協会がまとめた、乗用車1台当たりのアルミニウムの使用量の推移を示す。これによると1980年には40kg程度であったものが、2011年までに160kg程度まで増え続け、材料構成に占めるアルミの比率は8〜10％にも達している。この値は、プラスチック材料が占める比率と同じくらいである。乗用車1台当たりのアルミの使用量が増加している理由としては、次の二つが挙げられる。

　「軽量化」をスローガンに掲げながらも最近の自動車は大型化、および安全性・快適性向上のため装備の充実や新部品採用によって、モデルチェンジのたびに総重量が逆に増え、それに伴いアルミの使用量が増えた。

　部品単位での「軽量化」を図るために、鋼材や銅材からアルミニウムへの材料置換が進んだ。

　自動車におけるアルミニウムの適用は、先に挙げた機能部品以外にも、高級セダンやハイブリッドカーにおいては、ボンネット、ルーフ、トランクリッド、フェンダーなどのボディ外板、およびドアインパクトビームなどのボディ骨格などに、採用する事例が増えている。さらには、「オールアルミモノコックボディ」を謳い文句とする、高級スポーツカーも登場しているのは、周知の通りである。

5-4　アルミの原料、アルミナの製造法「バイヤー法」

　アルミニウムの原料は、ボーキサイトと呼ばれる灰色または赤褐色をした「粘土状」の鉱物である。ボーキサイトには、主成分として酸化アルミニウム Al_2O_3 が含まれているのであるが、他に砂や酸化鉄のような不純物も含まれている。ボーキサイトの世界全体の年間産出量は2億トン弱で、オーストラリア、中国、ブラジル、インド、ギニアの上位5カ国で、世界全体の約76％を占めている。日本では、ボーキサイトは産出されていない。

　ボーキサイトの可採埋蔵量は280億トン、可採年数は約200年といわれている。参考までに、鉄鉱石の可採埋蔵量は一桁多く2,320億トンで、次章で登場する銅鉱石の可採埋蔵量は6.1億トンと少ない。

　アルミニウムをつくるプロセスは、大きく次の二つのプロセスに分けられる。
1）ボーキサイトから純粋な酸化アルミ（アルミナ）Al_2O_3 を抽出する。
2）酸化アルミ（アルミナ）Al_2O_3 を還元してアルミニウムを単離する。

　本項では、ボーキサイトから純粋な酸化アルミ（アルミナ）Al_2O_3 を抽出するプロセスについて解説する。このプロセスは、1888年にオーストリアの化学者カール・

ヨーゼフ・バイヤー（1847〜1904年）によって発見されたもので、「バイヤー法」と呼ばれている。いまだにバイヤー法よりも優れたプロセスは見つかっていないので、130年が過ぎた現在でも、この方法でアルミナは生産し続けられているのである。

次項で紹介する、アルミナからアルミをつくる「ホール＝エルー法」は、バイヤー法の2年前にすでに発見されていた。ホール＝エルー法が発見されたことにより、「アルミナ」さえあれば、そのアルミナから安価にアルミを大量につくることが可能な状況になっていたのである。そのため、「アルミナ」を大量安価につくるニーズが高まった。このニーズが、アルミナを人工的につくりだそうとするモチベーションを高め、バイヤーの背中を押したのである。

相互に関連する二つの要素技術の関係において、片方の要素技術でイノベーションが起こり「不均衡」が生じると、その不均衡を解消させようとする、技術開発のドライビングフォースが作用するのである。片方のイノベーションが、もう片方の要素技術のイノベーションを誘引する、「連鎖現象」が起きたのである。

ボーキサイトからアルミナを抽出する「バイヤー法」のプロセスを**図5-4-1**および**図5-4-2**に示す。まず原料のボーキサイトとして、アルミナの含有量が45〜60％で二酸化ケイ素SiO_2含有量が6％以下の鉱石を選別する。製造プロセスは、次の三つの工程から構成されている。

第1工程で、原鉱石のボーキサイトを粉砕し、そこへ濃い水酸化ナトリウム水溶液を加え、加圧（5〜7気圧）および加熱（160〜170℃）する。すると①式に基づいて、アルミナはアルミン酸ナトリウム$NaAlO_2$として溶け出す。砂のケイ素成分などの不純物（赤泥と呼ばれる）は、水酸化ナトリウム水溶液には溶けないため、固体残渣成分として、ろ過して除去することが可能なのである。

次の第2工程で、アルミン酸ナトリウムを加水分解すると、②式に基づいて水酸化アルミニウム$Al(OH)_3$を生成して、水溶液の底に白く沈殿する。最後の第3工程で、析出した水酸化アルミニウムを分離した後に、1000〜1300℃で加熱すると、③式に基づいて目的物であるアルミナAl_2O_3が得られるのでる。

このようにして生産されたアルミナを、アルミニウムの原料に用いるわけであるが、アルミナの用途は、現在では単にアルミの原料にとどまっているわけではない、という事実に注目すべきである。

アルミナは融点が2050℃を超え、酸化物の中では最高の耐熱性を有しており、しかも硬さはHvで1900（kg/㎟）と、安定した機械強度を持っている。また取り扱いやすく、比較的安価であり、さらに絶縁性にも優れていることから、代表的な

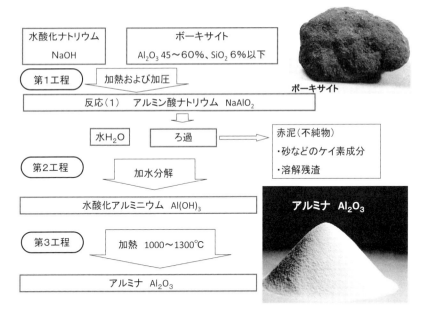

図5−4−1 「バイヤー法」によるアルミナの製造プロセス

第1工程

$Al_2O_3 + 2NaOH \Rightarrow 2NaAlO_2 + H_2O$ …①
アルミナ　水酸化ナトリウム　　アルミン酸ナトリウム　水

> ボーキサイトに濃い水酸化ナトリウム溶液を加え、加熱および加圧する。するとアルミナはアルミン酸ナトリウムとして溶け出す。不純物は、水酸化ナトリウムには溶けず、固体として残るので、ろ過して除去できる。

第2工程

$NaAlO_2 + 2H_2O \Rightarrow Al(OH)_3 + NaOH$ …②
アルミン酸ナトリウム　水　　　水酸化アルミニウム　水酸化ナトリウム

> アルミン酸ナトリウムは加水分解され、水酸化アルミニウムを生成し、水溶液の底に白く沈殿する。

第3工程

$2Al(OH)_3 \Rightarrow Al_2O_3 + 3H_2O$ …③
水酸化アルミニウム　　アルミナ　　水

> 沈殿した水酸化アルミニウムを分離して、1000〜1300℃で加熱するとアルミナを生成する。

図5−4−2　各工程での化学反応

「ファインセラミックス」として各種工業材料や、電気絶縁部品・集積回路基板など、多岐の用途にわたって用いられているのである。自動車での用途は、最終章の2項で具体的に紹介する。

5−5　アルミナを溶かし、電気分解してアルミを単離する、「ホール＝エルー法」

　アルミニウムを工業的につくるプロセスは、①鉱物ボーキサイトからアルミナAl_2O_3を抽出する、②アルミナを還元（酸素を取り除く）してアルミニウムを単離する、の二つの工程からなっている。①については前項で、「バイヤー法」を解説した。本項では②のアルミナAl_2O_3を還元してアルミニウムを単離するプロセスを説明する。

　このプロセスは、鉄をつくるプロセスと同じように「溶鉱炉」を用いて行うことも理論的には可能である。しかし、純粋なアルミナAl_2O_3の融点は2054℃と非常に高く（酸化鉄Fe_2O_3の融点は1566℃）、経済的に効率が悪く、またこのような高温での工業生産には多くの危険が伴うため、溶鉱炉を用いたアルミ製錬の工業化は、結局現在に到るまで、ついに実現されることはなかったのである。逆にいうとアルミナは、このように融点が高く耐熱性に優れるため、ファインセラミックスとして各種の工業材料に用いられているわけである。

　そこで、溶鉱炉を使わずにアルミナから酸素を除去する方法として考えられたのが「電気分解法」で、電気の力でAlとOを引き離す方法である。しかしながらアルミナAl_2O_3はほとんど水に溶解しないため、周知の電気分解法を用いても、Alを単離することは不可能であったのである。この難問題を解決したのは、アメリカ人のホール（1863～1914年）とフランス人のエルー（1863～1914年）の2人であった。

　この2人は、同じ年に生まれ、同じ年に死去し、さらには同じ1886年22歳のときに、同じ原理のアルミニウムの製錬法を発見したのであった。「同じ年に誕生」「同じ年に死去」「同じ年に、同じ原理のアルミニウム製錬法を発見」するとは、まさしく「運命の悪戯」としか思えない偶然の一致なのである。そこでこの方法は、2人の名前をとって「ホール＝エルー法」と呼ばれている。ホール＝エルー法は「融解塩電解法」の一種で、バイヤー法と同様に130年が過ぎた現在でも、依然として主力工法として用いられているのである。

　一般的には、電気分解に用いる溶媒として水を用いるのが普通である。それに対して、ホール＝エルー法が優れている最大のポイントは、電気分解するための

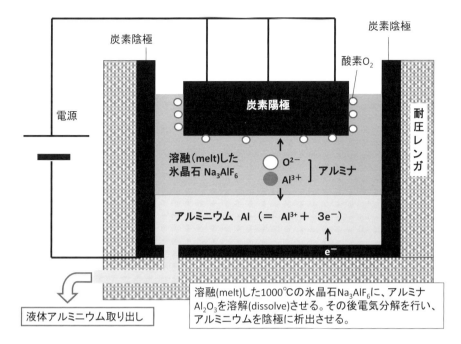

図5-5-1　ホール＝エルー法の原理と設備概要

　溶媒に、アルミニウム化合物・氷晶石Na_3AlF_6を用いているところである。氷晶石Na_3AlF_6は、魅力的な特徴を二つ有している。氷晶石の第1の特徴は、融点が低いことである。氷晶石は、英語名cryoliteと呼ばれており、cryo-は低温を意味し、その融点は約950℃とアルミナ融点2054℃に比べ非常に低いことが、工業化にとって極めて好ましいのである。

　氷晶石の第2の特徴は、約1000℃の液体の氷晶石Na_3AlF_6がアルミナAl_2O_3をとてもよく溶解させることができることである。氷晶石Na_3AlF_6が持つこの二つの特徴を、ホール＝エルー法はとてもうまく活用している。

　「ホール＝エルー法」の原理と設備概要を**図5-5-1**に示す。「融解塩電解」を行う炉は、耐熱性レンガでできている。炉の底とすべての内壁は、炭素製の電極（陰極になる）で覆われている。また炉の内部の上方には、炭素製の陽極が設置されている。

　最初に炉内で、氷晶石Na_3AlF_6を融点以上の約1000℃まで加熱して、溶融（melt）させ「液体」にする。液体にすることがポイントなのである。液体になった氷晶石は、固体のアルミナを溶解（dissolve）させることができる。溶融（melt）と溶解

第5章　自動車の「軽量化」をリードする「アルミニウム」　113

(dissolve)とは、まったく異なる現象であることにご注意頂きたい。溶融とは、固体から液体に状態が変化することである。一方、溶解とは、身近な事例を挙げると、固体の食塩NaClが液体の水の中で、陽イオンNa^+と陰イオンCl^-にバラバラに分離することである。アルミナが氷晶石に溶解するのは、食塩と水との関係と同じで、固体のアルミナAl_2O_3は液体の氷晶石の中で、陽イオンAl^{3+}と陰イオンO^{2-}にバラバラに分離するのである。

この状態で、炭素陽極と炭素陰極の間に電圧を加えて電気分解すると、あとは普通の電気分解（4-5項を参照）と同じ原理で、陰極（炉の底とすべての内壁）にはアルミニウムが析出し、陽極からは気体酸素が出てくるのである。

アルミの融点は660℃で、1000℃の炉の中では液体である。液体アルミニウムは、炉の底に溜まるため、それを採取することが可能である。以上のように、ホール＝エルー法は、実に合理的な原理に基づいており、この原理を上回る製錬原理は、未だ発見されていない。

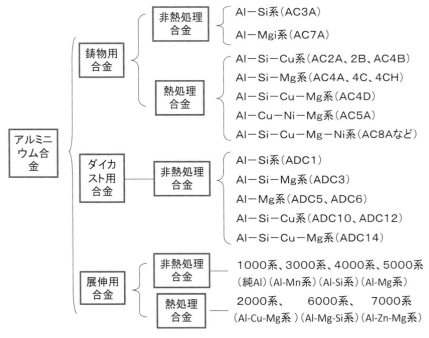

図5-5-2　アルミニウム合金の分類

5-6 「アルミニウム合金」はどのように分類するのか？

ホール＝エルー法により、電解炉から取り出した溶融アルミニウムの純度は、約99.8％である。この溶融アルミニウムから、種々の形に鋳込んだ素材のことを「新地金」という。これに対して、使用済みアルミ飲料缶や使用済み自動車などから回収された製品スクラップ、および生産工程で発生するアルミニウム廃材を、再溶融して得られる素材を「再生地金」という。再生地金は、不純物の混入が避けられないため、新地金ほど純度は高くない。

酸化アルミであるアルミナの融点は2000℃を超え、酸化鉄の融点より500℃くらい高い。また金属と酸素の結合力の強さを示す標準生成自由エネルギー｜⊿F｜の大きさに関して、アルミナの｜⊿F｜は、酸化鉄のそれの2倍以上大きい（**図5-1-2**を参照）。この科学的事実は、アルミナを還元してアルミニウムを単離するときに、極めて大きなエネルギーが必要になることを意味するのである。ホール＝エルー法は卓越した還元プロセスであるが、ボーキサイトからアルミニウムの新地金1トンを、バイヤー法とホール＝エルー法で製錬するのに約2万kwhと膨大な量のエネルギーが必要となる。従って、アルミニウムは「電気の缶詰」というあまりありがたくないあだ名が付けられているのである。

これに対して、使用済みアルミ缶やアルミ廃材を再溶融させて1トンの再生地金を製造するのに必要なエネルギーは、約600kwhと、わずか3％に過ぎないのである。その理由は、アルミの融点が660℃と、新地金の場合のアルミナの融点2054℃より遥かに低いためである。日本はそもそもボーキサイトを産出していないが、このようにアルミの製錬には膨大な電力を必要とするため、経済的な観点で、原料ボーキサイトを輸入するのではなく、すでに製錬された新地金のアルミニウムとして輸入している。従って再生資源としてのアルミ再生地金を活用することは、日本にとって非常に有益なのである。このような背景の中で、アルミ缶のリサイクルが推進されているのである（**図5-6-1**を参照）。

図5-6-2に示すように、地金は最終のアルミ製品に適した、さまざまな形状に鋳造されている。自動車ボディパネルなどの板用は「スラブ」、線・棒・管用は「ビレット」、電線用は「ワイヤーバー」と呼ばれ、それぞれ固有の塑性加工をして最終製品にするのである。また、鋳造用やダイカスト用は「インゴット」と呼ばれ、もう一度溶融させて鋳造して最終製品化している（次項を参照）。

純アルミニウムは機械的強度が低いため、アルミ箔など特殊な用途を除き、アル

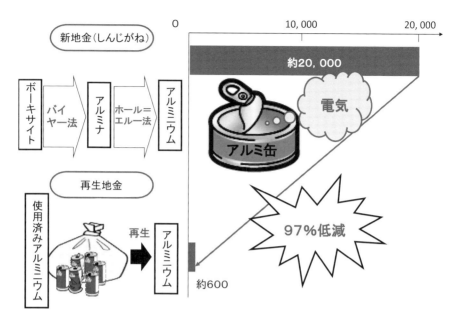

図5-6-1　アルミニウム地金　1トンをつくるのに、必要なエネルギー（kwh）

ミはほとんどが「合金」として用いられている。アルミ合金は、JISでは重力金型鋳造、低圧鋳造などの「鋳物用合金」、高速・高圧で鋳造される「ダイカスト合金」、および板、形材、管、棒、線、鍛造品などの「展伸用合金」に大別されている。またそれぞれ、「熱処理合金」と「非熱処理合金」に再分類されている（**図5-5-2**を参照）。

（1）鋳物用合金①Al-Si-Cu系（AC2A、AC2B、AC4B）：鋳造機密性に優れるため、インテークマニホールド、シリンダーヘッドなどの自動車部品に用いられている。②Al-Si-Mg系（AC4A、AC4C、AC4CH）：熱処理効果を得るためにMgを添加した合金。自動車のアルミ鋳物ホイールは、不純物を厳しく規制して靭性を確保したAC4CH材がほとんどである。③Al-Si-Cu-Mg系（AC4D）：AC4A、AC4C、AC4CHに対してSi量を減らし、CuとMgを添加した合金。鋳造性はAC4A、AC4Cよりやや劣るが強度と靭性があるため、耐圧性が必要なシリンダーブロックなどのエンジン部品への適用が多い。

（2）ダイカスト用合金：ダイカストは部品の薄肉化、寸法精度、生産性に優れた製造法であり、自動車のアルミニウム合金使用量の5割以上を占めている。ダイ

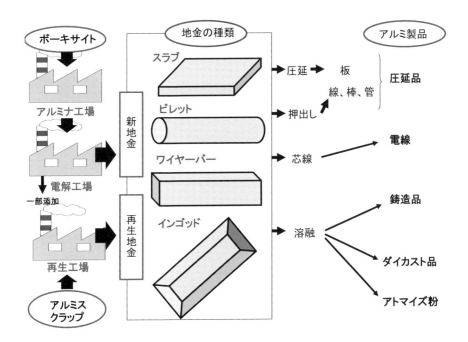

図5-6-2　アルミニウム製品ができるまでの工程フロー

　　カスト用合金には溶湯（溶融して液体状態になったアルミ合金のこと）の流動性が良いこと、凝固収縮に対する溶湯補給性の良いこと、金型に焼き付かないことが望まれている。従ってAl-Si系が主になっており、金型への焼き付き防止のため通常は不純物となる鉄を添加している。自動車のアルミダイカスト部品のほとんどは、銅を添加したAl-Si-Cu系のADC10および12を用いている。
（3）展伸用合金：5000系は日本で開発されたAl-Mg系の合金で、プレス成形性が良く耐食性にも優れているため自動車ボディパネルに用いられている。6000系はAl-Mg-Si系の合金で、建築用サッシの用途が圧倒的に多いが、自動車のモール類などの装飾部品に採用されている。

5−7　自動車の主要部品をつくる「ダイカスト法」とは？

　インゴット（**図5-6-2**を参照）を溶融させて、金型に注入して製品をつくる「アルミ合金」の鋳造方法は、溶湯を注入するときの圧力の大きさと圧力のかけ方により、①重力金型鋳造法、②低圧鋳造法、③ダイカスト法、の三つの工法に分類できる。前項で説明したアルミ合金材料との関係では、重力金型鋳造法と低圧鋳造法は鋳物用合金（AC2A～AC9B）を用い、ダイカスト法はダイカスト用合金（ADC1～ADC14）を用いている（**図5-7-1**と**図5-5-2**を参照）。以下三つの鋳造法の特徴と、自動車部品への代表的な適用事例について説明する。

　「重力金型鋳造法」（**図5-7-3**を参照）は、文字通り溶湯自身の「重力」を利用して溶湯を「金型」へ注ぎ、鋳造する方法である。別名「グラビティ法」ともいう。油圧など人工的な動力を借りず、重力だけを頼りにして静かに溶湯を注ぐことを特徴としている。アルミニウムに限らず、「鋳鉄」（3−3項を参照）など金属材料の鋳造の原点に位置づけられる鋳造法である。この工法の長所として、①設備がシンプルで安価である、②サイクルタイムが短い、③ガス抜きがやりやすい、④中子を使用しやすいので複雑形状の製品に適応できる、などが挙げられる。

分類	種類記号	標準成分(%)			
		Cu	Si	Mg	Ni
鋳物	AC2A	3.8	5	0.25	0.3
	AC2B	3	6	0.5	0.35
	AC3A	0.25	12	0.15	0.1
	AC4A	0.25	9	0.5	0.1
	AC4B	3	8.5	0.5	0.35
	AC4C	0.2	7	0.3	0.05
	AC4D	1.3	5	0.5	0.3
	AC7A	0.1	0.2	4.5	0.05
	AC8A	1.1	12	1	1.2
	AC9B	1	19	1	1
ダイカスト	ADC1	1	12	0.3	0.5
	ADC3	0.6	9.5	0.5	0.5
	ADC5	0.2	0.3	6.3	0.1
	ADC6	0.1	1	3.3	0.1
	ADC10	3	8.5	0.3	0.5
	ADC12	2.5	11	0.3	0.5
	ADC14	4.5	17	0.55	0.3

図5−7−1　鋳物用及びダイカスト用合金

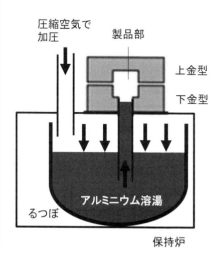

密閉型のるつぼの内の溶湯に、0.1～0.3気圧程度の低圧の圧縮空気を供給して加圧することで、金型内に注湯を行う方法

図5−7−2　低圧鋳造法の概要

自動車のエンジン部品であるシリンダーブロック、シリンダーヘッド、エンジン用ピストンなどに適用されている。ピストン材には、熱膨張係数が小さく、低比重で、耐摩耗性が良好でかつ高温での強度が高いAl-Si-Cu-Mg-Ni系のAC8Aが用いられている。

　製造工程で「重力」を利用することは、この重力金型鋳造法に限らず、極めて汎用的に行われている。自動車の組み立て工程においても、シャーシにボディを乗せて組み立て、そのボディに座席シートを乗せて組み立てているが、このときも重力を利用しているのである。次に説明する「ダイカスト法」においても、ダイカストマシンの射出スリーブに溶湯を注ぐときは重量を利用している。

　低コストの「モノづくり」を実現して、そのモノを安く運用するためには、重力や空気など費用の一切かからない「ただ」の力や物質を、可能な限り活用することは、非常に重要な原則である。溶鉱炉では、金属鉱石を高温にして溶融させて製錬しているが、高温にするために空気中の「ただの酸素」を利用して、燃料を燃やしている。動力を生む原理はそれぞれ異なるものの、ガソリンエンジン自動車でも燃料電池自動車でも、空気中の「ただの酸素」を利用して動力を得ているのである。

　「低圧鋳造法」は**図5-7-2**に示すように、密閉型のるつぼ内の溶湯に、0.1～0.3気

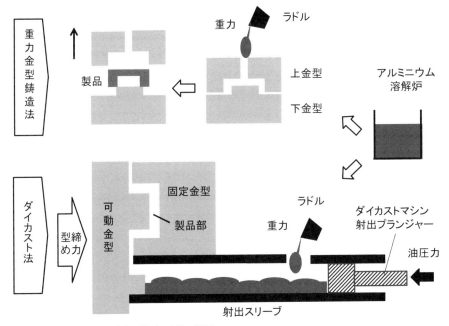

図5-7-3　重力金型鋳造法とダイカスト法の概要

圧程度の低圧の圧縮空気を供給して加圧することで、金型内に注湯を行う方法である。低圧鋳造の長所としては、湯口部が凝固するまで溶湯圧力を加えられるため、溶湯補給性に優れ、比較的厚肉形状の製品にも適用できること、さらに材料歩留まりが良いことが挙げられる。逆に短所は、サイクルタイムが長いところである。

　重力金型鋳造法と同様に、ダイカスト法と比べて中子を使用しやすいため、エンジン吸気系のインテークマニホールドやアルミホイールなどの、3次元複雑形状をした自動車部品に適用されている。

　「ダイカスト法」は、ダイカストマシン本体の近くに溶解炉を置き、溶解炉の溶湯を、ラドルでダイカストマシンの射出スリーブ内に、1ショット分重力を利用して注湯し、高速高圧で金型内に注湯する方法である。量産性にも優れ、自動車用アルミ製品の主力工法になっている。高速高圧で注湯するため、金型の寸法通りに正確に鋳造でき、寸法精度に優れている。トランスミッションのケース、シリンダーヘッドカバーなどの薄肉大型部品に適用されている。

　金型内のガス抜き性向上などの更なる品質向上に向けて、金型内を真空にして注湯する真空ダイカスト法の採用が拡大している。また、離型剤噴き付けのロボット化によるスプレーポイントの安定化、金型への高圧水の圧送による細い鋳抜きピンの内部冷却による焼き付き対策などが、急速に普及している。材料は流動性、溶湯補給性に優れるADC10および12が主に用いられている。

5-8　硬い金属板がなぜプレス成形で流面型になるのか？

　前項で説明したアルミ鋳造法は、硬いインゴットを溶融させて流動しやすい液体にした上で、金型に流し込んでシリンダーヘッドなどを造形する方法であった。7章で説明する、プラスチックの射出成形法も原理は同じで、固体のペレットと呼ばれる米粒状の樹脂素材を、溶融させ流体にしてから自動車バンパーなどの3次元形状を造形している。金属の鋳造法も樹脂の射出成形法も、材料には「流動性」が与えられているので、シリンダーヘッドやバンパーなどの複雑形状が造形できるのは、イメージしやすいのではないだろうか？

　普通の自動車のボディパネルは「鋼」の板を、一部のスポーツカーのボディパネルは「アルミ合金」の板をプレス成形で造形されている。なぜ硬い金属板は、プレス成形によってスポーツカーのような流面型に成形できるのであろうか？　鉄やアルミよりもずっと軟らかいプラスチック製の下敷きは、常温でプレス成形すると割

れてしまうのではないか。本項では鉄やアルミの板材が、常温の硬い状態で、塑性変形するその原理を復習する。

　鉄やアルミなどの金属は、一定の原子配置から成る、対称性の高い３次元の結晶構造を有している。**図5-8-1**に示すように、アルミなどは面心立方構造を、鉄などは体心立方構造を、マグネシウムなどは最密六方構造を有している。金属の塑性変形は、「結晶のすべり」によって起きるのである。この結晶同士の微小なすべりが連動して、積み重なると大きな変形になる。

　各々の結晶は、「すべり面」と呼ばれる特定の結晶面にそって、すべり変形を起こすのである。（**図5-8-2**を参照）。一般的に、すべり変形のしやすさは、面心立方構造＞体心立方構造＞最密六方結晶の順になっており、アルミニウムが変形しやすい理由は、この結晶構造に由来するのである。

　図5-8-3に、プレス成形など塑性加工用の「展伸用アルミニウム合金」の種類、

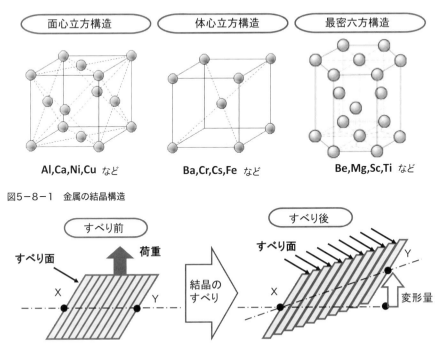

図5-8-1　金属の結晶構造

図5-8-2　結晶のすべりによる金属の塑性変形

成分、主な用途を示した。1000系は純アルミニウムである。自動車ボディパネルに用いられるのは5000系、航空機に用いられるのは2000系と7000系である。

　純粋なアルミニウムの引張り強度は、40〜50MPa程度でそれほど強くない。しかしアルミニウムに銅、銅-マグネシウム、マグネシウム-ケイ素、亜鉛-マグネシウムなどを添加した合金は、熱処理によって時効硬化し、機械的性質が著しく向上する。1910年、ドイツのウィルム（1869〜1937年）によって「ジュラルミン」が発見された。彼が発見した銅-マグネシウム系ジュラルミンは、引張り強さが400MPaに達する。彼の発見が契機となって、より強いアルミニウム合金の開発に拍車がかかり、超ジュラルミンや超々ジュラルミンが開発されてきたのである。

　「ジュラルミン」という名前は現在では、熱処理による時効硬化が可能な銅-マグネシウム系合金(2000系)および亜鉛-マグネシウム系合金(7000系)の総称として使われている。亜鉛-マグネシウム系のジュラルミンは、日本人の手によって開発され、太平洋戦争で奮闘した、「零式艦上戦闘機」（通称ゼロ戦）の骨格に採用

種類	合金成分	主な用途	種類	合金成分	主な用途
1000系	純アルミニウム	アルミ箔、導電材	5000系	Al-Mg系	船舶、自動車ボディパネル
2000系	Al-Cu-Mg系（ジュラルミン）	航空機	6000系	Al-Mg-Si系	建築用サッシ、自動車モール
3000系	Al-Mn系	アルミ缶、屋根板	7000系	Al-Zn-Mg系（ジュラルミン）	航空機、鉄道車両
4000系	Al-Si系	鍛造ピストン、建築用パネル			

図5-8-3　展伸用アルミニウム合金の種類、成分、主な用途

単位（重量%）

JIS規格	合金番号	Si	Fe	Cu	Mn	Mg	Cr	Zn	Ti	Al
2000系	A2017 ジュラルミン	0.2〜0.8	0.7以下	3.5〜4.5	0.4〜1	0.4〜0.8	0.1以下	0.25以下	0.15以下	残り
2000系	A2024 超ジュラルミン	0.5以下	0.5以下	3.8〜4.9	0.3〜0.9	1.2〜1.8	0.1以下	0.25以下	0.15以下	残り
7000系	A7075 超々ジュラルミン	0.4以下	0.5以下	1.2〜2	0.3以下	2.1〜2.9	0.18〜0.28	5.1〜6.1	0.2以下	残り

図5-8-4　ジュラルミンの材料成分

された歴史を持っている。亜鉛-マグネシウム系のジュラルミンの引張り強度は580MPaで、鋼材と同等レベルに達する最強のアルミニウム合金なのである（超超ジュラルミン、7000系）。

　開発当初の亜鉛-マグネシウム系のジュラルミンは、応力が加えられた状態で使用していると、合金の結晶界面から突然に割れが発生するという大きな欠点があり、この欠点をなかなか克服することができない状況が続いていた。

　このような状況の中で、当時の住友金属（現在の住友軽金属）の五十嵐勇氏、北原五郎氏たちの努力によって、クロムを適量（約0.2％）添加するアイデアが生まれたのであった。クロムを適量添加することにより、合金の結晶界面から突然に割れが発生するという大きな問題を、ついに解決することができたのである（**図5-8-4**を参照）。

　アメリカ軍はゼロ戦の残骸を分析し、亜鉛-マグネシウム系アルミ合金がすでに実用化されていることを知り、日本のアルミニウム合金の研究水準の高さに、驚嘆したといわれている。

5-9　自動車エンジンを長持ちさせる「アルマイト処理」

　自動車のエンジン用ピストンには、耐摩耗性が良好で高温での強度が高いアルミニウム合金（**図5-7-1**で示したAC8A、Al-Si-Cu-Mg-Ni系合金）が用いられているが、その過酷な使用環境下での耐久性を確保するために、ピストン頂面に最も近いピストンリング溝（**図5-9-1**を参照）に、耐摩耗性付与を目的とした「アルマイト処理」が施されている。アルマイトとは、アルミニウムの陽極酸化皮膜のことである。またその処理工程のことを陽極酸化処理またはアルマイト処理と呼んでいる。

　アルマイト処理は、一般的にはアルミニウムの耐食性、耐摩耗性の向上および装飾機能の付加を目的に行われている。自動車部品以外にも、弁当箱などの家庭用品にも利用されている。実のところ「アルマイト」は、日本が世界に誇る独自技術の一つなのである。1929年に、理化学研究所の植木栄氏が発明した「アルミニウムのシュウ酸法陽極酸化皮膜」という技術を、研究を引き継いだ宮田聡氏が『アルマイト』（当時は登録商標）と名付けたのである。現在では、アルミニウムの陽極酸化皮膜の一般名称として用いられている。

　アルマイト処理の原理を**図5-9-2**に示す。電解液は弱酸で、陽極に対象とするアルミ製品をセットし、陰極にはカーボン板を用いて電気分解を行う。通常、酸の水溶液を電気分解すると、陰極から水素が、陽極からは酸素が発生する。しかし陽

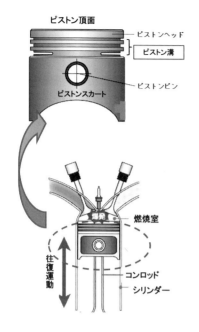

図5-9-1 アルミ製エンジン用ピストン

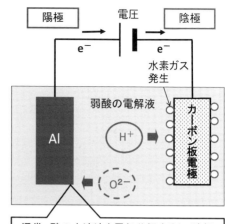

図5-9-2 陽極酸化（アルマイト）処理の原理

極にアルミニウムを用いると、陽極で発生した酸素Oは、気体酸素になる前に、陽極から溶解しつつあるアルミニウムAlと反応して、酸化アルミAl_2O_3の皮膜を形成するのである。

図5-9-3に示すように電気分解の初期段階では、アルミの表面に酸化アルミ膜は「点」として現れる。その後徐々に成長し、「点」が「面」になり、最終的にポーラス状の皮膜が形成されるのである。このポーラス状皮膜の形成のされ方は、約半分が内側に、また約半分が外側へと成長して行くため、外形寸法は増加する。

アルマイト皮膜は、蜂の巣のように6角柱のセル構造で、6角形の中央に10〜30nmの微細孔が空いた「多孔質層」になっている。ただし、皮膜の底部は孔の空いていないソリッド状になっており、「バリヤー層」と呼ばれている。

アルマイト皮膜とは、化学成分は酸化アルミAl_2O_3で、形状は6角柱セル構造のまるで蜂の巣のような多孔質構造である（**図5-9-3**を参照）。アルマイト処理の目的は、耐摩耗性や耐食性の向上にある。酸化アルミという化学成分は、この目的に適

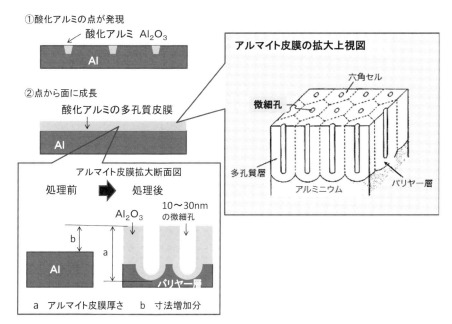

図5-9-3　アルマイト皮膜の成長のようす

しているのであるが、多孔質構造は吸着性に富むため、酸素などの腐食性物質を吸着し、そこから腐食が進んでしまうため、この形状のままでは耐食性向上を図る皮膜には、適していないのである。

　そこで吸着性を排除するために、微細孔を埋めてやる必要がある。そのための処理を、「封孔処理」と呼んでいる。封孔処理は、アルマイト処理の後工程として行われ、この二つの処理がセットとして施されることにより、はじめて耐食性や耐摩耗性が向上するわけである。

　封孔処理とは具体的に、加圧水蒸気処理や煮沸水処理をして、酸化物である酸化アルミ Al_2O_3 を、水酸化物ベーマイト $Al_2O_3・H_2O$ に化学変化させる処理技術のことである（**図5-9-4**を参照）。酸化アルミからベーマイトに化学変化するときに、体積膨張を伴うため、微細孔の外形は徐々に細くなって行き、最終的には孔は完全に埋められてしまうのである。

　耐食性や耐摩耗性向上のためには、止むなく微細孔を埋める必要があるのだが、アルマイト処理でせっかくできた微細孔を、別の目的でもっと積極的に活用する試みが行われている。その一つは、アルミニウムの着色処理技術である。アルマイト

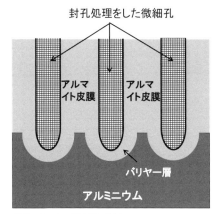

封孔処理とは、加圧水蒸気処理や煮沸水処理をして、酸化物である酸化アルミを水酸化物ベーマイト$Al_2O_3 \cdot H_2O$に化学変化させることである。

$$Al_2O_3 + H_2O \Rightarrow Al_2O_3 \cdot H_2O$$
酸化アルミ　加圧水蒸気　　ベーマイト

図5-9-4　封孔処理とは

処理でできた微細孔を有する素材を、有機染料などを添加した電解液中で再び電気分解して、微細孔を着色する表面処理技術である。電解着色法または2次電解着色法と呼ばれており、耐久性があり、美しく着色されたアルミ製品をつくり出すことが可能である。

　微細孔活用の二つ目は、アルミ材料と高分子材料（プラスチックや塗料）とを物理的に接合する技術である。「毛細管現象」の原理を用いて、微細孔の中に高分子を流し込み、孔形状のアンカー効果により、物理的にアルミと高分子とを接合させようとする技術が、研究・開発されている。

第6章
「環境にやさしいクルマ」を生み出す、銅などの「貴金属」

銅製マグネットワイヤー

ハイブリッド車の駆動モータ

6－1 「007は殺しの番号」、「0.007は銅のクラーク番号」

　銅は古代から人類に最も多く使用された金属で、現代になって鉄にトップの座を明け渡しはしたものの、今日でも電気器具の導線をはじめとして、多様な用途に用いられている。現在では、81種類の金属の存在が知られているが（元素は原子番号103番のローレンシウムまでを考える）、17世紀の終わりまでに知られた金属は、金、銀、銅、錫、鉛、亜鉛、水銀、白金、アンチモン、ビスマス、ヒ素のわずか11種類であった。人類が最初に見つけて利用し始めた金属が、どの金属であったのかについては、厳密には解明されてはいないが、金と銅の歴史が最も古く、金はおよそ6000年前から、銅はおよそ5800年前から用いられていたと考えられている。人類は、酸化銅Cu_2O（Cu_2Oの融点は、酸化鉄Fe_2O_3よりも331℃低い。**図5-1-1**を参照）から金属銅を取り出す製錬技術を、紀元前3800年頃にすでに発見していたのだ。紀元前3000年頃、地中海のキプロス島で大量の銅鉱石が採掘され始めた。キプロスの銅鉱床は大規模で、この支配権を握ることは軍事的に大きな意味があった。そのためキプロス島は、その時代ごとの覇権者（ヒッタイト→アッシリア→エジプ

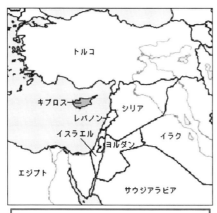

主な元素のクラーク数

順位	元素名	記号	クラーク数
1	酸素	O	49.5
2	ケイ素	Si	25.8
3	アルミニウム	Al	7.56
4	鉄	Fe	4.7
5	カルシウム	Ca	3.39
6	ナトリウム	Na	2.63
7	カリウム	K	2.4
8	マグネシウム	Mg	1.93
9	水素	H	0.83
10	チタン	Ti	0.46
11	塩素	Cl	0.19
12	マンガン	Mn	0.09
13	リン	P	0.08
14	炭素	C	0.08
15	硫黄	Si	0.06
16	窒素	N	0.03
17	フッ素	F	0.03
18	ルビジウム	Rb	0.03
19	バリウム	Ba	0.023
20	ジルコニウム	Zr	0.02
21	クロム	Cr	0.02
22	ストロンチウム	Sr	0.02
23	バナジウム	V	0.015
24	ニッケル	Ni	0.01
25	銅	Cu	0.007

キプロスは東地中海を往来する諸民族、諸文明の中継地となったため、その歴史は古い。有史からヒッタイト、アッシリアといったオリエント諸国の支配を受けた。アッシリア滅亡後は、エジプト、ペルシア、ギリシア（プトレマイオス朝）、ローマの支配下に入った。

クラーク数とは、地表付近に存在する元素の割合を、火成岩の化学分析結果に基づいて推定した結果を質量％で表したもの。

図6-1-1　キプロス島の位置　　　図6-1-2　地殻中の元素の存在度

ト→ペルシア→ギリシア→ローマ）によって、次から次へと支配されていったのである。キプロス（Cyprus）という地名が、銅（Cuprum、Copper）の語源になったのである。

　地球の地殻はさまざまな元素から構成されているが、その多さの順は「クラーク数」によって表わされる。クラーク数とは、地表から深さ10マイル（約16km）までの地殻に存在する元素の割合を、火成岩の化学分析に基づき推定した結果を質量百分率で示したものである。提唱者である、アメリカの地球化学者クラーク（1847～1931年）の名にちなんでいる。銅のクラーク数は、アルミニウムクラーク数7.56の、約1000分の1以下の0.007という極めて小さな数字である（**図6-1-2**を参照）。

　クラーク数に従えば、一番多い元素は酸素であり、次いでケイ素、アルミニウム、鉄、カルシウム、ナトリウム、カリウム、マグネシウムの順であり、この8元素で全体の約98％が占められている。従って、これ以外の銅や錫などの金属が存在する割合は、ごくわずかであることを意味する。銅の0.007という値では、現在の最新の採掘技術をもってしても、闇雲に採掘したのであれば、経済的採算性は合わないのである。地殻中には、地表の近くに銅が特異的に濃縮している場所があり、こ

708年、現在の埼玉県秩父市で、自然銅が産出したことを記念して、年号を「慶雲」から「和銅」に改元するとともに最初の貨幣「**和同開珎**」が鋳造された。

図6-1-3　「和同開珎」とは

図6-1-4　銅鐸はなんためにつくられたか？

れが「銅鉱床」と呼ばれるもので、これが紀元前3000年前のキプロスで見つかったのであった。

　青銅とは、銅Cuを主成分とし錫Snを含む（2～20％）合金のことで、融点が約875℃と鉄に比べ600℃以上も低いため（**図1-3-1**を参照）製錬しやすく、銅とともに人類が鉄よりも先に製錬した金属である。青銅は紀元前3000年頃、初期のメソポタミア文明で発見されたのである。イラン高原は、銅鉱石と木材が豊富であった。ここの銅鉱石は錫を含んでおり、木材を燃料にして銅鉱石を熱すると、青銅が得られたのであった。

　日本においては金属材料の利用はずっと遅れ、弥生時代（前300年～後300年）に朝鮮半島を経由して、中国から「青銅器」と「鉄器」が同時に輸入され始めたのである。この青銅器を融かし直して、銅鏡、銅鐸、銅剣が鋳造されたのだ。銅鐸はいったい何のためにつくられ、どのように用いられていたのかまだよく解っていない。楽器説あり、宗教の道具説あり、また宝器説などがあるが、当時青銅は大変貴重な材料であったため、とても大切な目的に使われていたことには間違いないのである。

　皇位のしるしとして、代々の天皇が受け継いだ三種の神器は、八咫鏡、草薙の剣、八尺瓊勾玉であるが、このうち伊勢神宮のご神体である鏡および熱田神宮のご神体である剣（スサノオノミコトの草薙の剣）の材質は、中国伝来の「白色青銅」とされている。スサノオノミコトが出雲で、八つの頭と尾を持つ「ヤマタノオロチ」という巨大な蛇を退治したときに、その尾から現れたとされる「草薙の剣」は、鉄鋼製ではなく、青銅製であった。

　671年天智天皇は、「銅管」を用いた水時計を製作した。708年、秩父（埼玉県）で日本初の「銅鉱山」が発見され、それを記念して年号が「和銅」に変わり、日本最初の貨幣「和同開珎」が発行されたのである。

6－2　日本の一大国家プロジェクト、東大寺の「大仏建立」

　708年に秩父（埼玉県）で日本初の「銅鉱山」が発見され、それを記念して年号が「和銅」に変わり、日本最初の貨幣「和同開珎」がつくられたのに引き続き、奈良時代（710～794年）に入ると青銅の使用は東大寺の青銅製大仏建立という、一大国家プロジェクトへと飛躍したのであった。この国家プロジェクトのリーダーは、聖武天皇であった。青銅とは銅と錫の合金で、純銅よりも鋳造性に優れている。オリンピックの銅メダルの材質は、銅97％錫3％の青銅（ブロンズ）である。因みに、

①土台づくり 745年スタート	⑥鋳型の組立て
260トンの大鋳造物に耐える強固な土台つくり。深く掘り下げて、石、粘度、砂で固めた。	外型を土の像のまわりに並べる。外型と外型の隙間から溶湯が漏れないように、粘土で隙間を埋める。鉄線で外型を土像の巻きつける。
②土の像の輪郭つくり	⑦溶融と鋳造
青銅像をつくる前に土の像をつくる必要がある。土の像をつくるために、木や竹で仏像の輪郭をつくる工程。	260トンの一度の鋳造できないので、8段に分けて鋳造する。下段から順番に鋳造していく。青銅の鋳造に一年と半年が必要であった。
③土の像の完成 746年	⑧補鋳造と仕上げ
木や竹の輪郭の上に、わらやもみを混ぜた粗土を塗る。その上に細かい土を塗り重ねる。ヘラを使って仕上げて、最後に漆喰を塗る。	鋳造した状態は、表面に巣穴があったり、バリがでている。これらの鋳造欠陥を修正する鋳造のやり直しと仕上げに、約5年も要した。
④外型つくり	⑨台座の装飾（彫刻など）
外型とは青銅で鋳造するときの外側の型。土の像の表面に鋳型土を塗りつけ、乾燥させてからはがすと、外型になる。	「蓮弁蔵世界の図」を彫刻するなど、台座を修飾した。
⑤中子削り	⑩金めっき 771年完成
青銅の肉厚（5〜6cm）の分だけ、外型の形状を削り取る。その後焼成して瓦のように硬く固めて、外形が完成する。	金と水銀のアマルガムを用いて金めっきをした。この作業にも、約5年間を必要とした。蒸発した水銀に健康障害が発生したと思われる。

図6−2−1　東大寺の大仏を造る工程の概要

銀メダルの材質は、銀93%銅7%の銀合金。金メダルの素材は銀メダルと同じで、その上に6gの金めっきを施してあるだけなのである。

聖武天皇（701〜756年）は文武天皇の第1皇子で、母は藤原不比等の娘の宮子であった。聖武天皇の在位期間のうち729〜749年の期間を「天平」と呼ぶ。この時期、奈良の都平城京を中心にして華開いた貴族・仏教文化のことを「天平文化」というのである。

天平時代は、飢饉が勃発したり疫病（天然痘）が流行するなど、世の中が非常に不安定であった。そのため聖武天皇とその妃光明皇后は、仏教を篤く信仰し、全国に国分寺と国分尼寺を置き、東大寺を建てて大仏を建立するなどして、国と民の平安を願ったのである。

当時日本からの留学僧により、シルクロードにあった大仏像の調査が行われ、その調査結果が聖武天皇のもとに届けられた。その中で、唐の高宗時代に造られた石材製の盧遮那仏に関する記述に、天皇は大いに心を動かされた。日本は石材には乏しいが、秩父に銅鉱山が発見されたこともあり、当時のハイテク新素材である青銅を用いて、世界に類のない大仏を建立することを、聖武天皇は決意したのであっ

た。

　東大寺の大仏は、世界一大きい青銅製の大仏で、高さは16m、重さは260トンもあった。743年に聖武天皇によって発願され、745年に土台づくりが開始され、752年に開眼供養が行われた。しかし開眼供養の時点では、大仏本体の基本的な鋳造は終了していたものの、鋳造欠陥の修正、台座の装飾および「金めっき」は未完の状態であった。

　寄進者数は42万人に達し、日本中の銅を集めて、作業者延べ数218万人の人の手で、約26年の歳月をかけてようやく771年に完成したのである。まわりには、青銅を溶融させる炉が100個以上もつくられ、休みなく稼動していた。ある試算によると、大仏と大仏殿の製造費用は、現在の価格にすると4,657億円に達するとされている。

　当時の技術で、東大寺の青銅製大仏が如何に造られたのか、その工程を以下に説明する。①最初に、260トンの大鋳造物に耐える強固な土台を整備した。地面を深く掘り下げて、石・粘土・砂で固めたのだ。②「青銅」の像をつくる前に、大仏の原型となる「土」の像をつくる必要がある。そのために、木や竹で仏像の輪郭を組んだ。③木や竹の輪郭の上に、わらやもみを混ぜた粗土を塗り、その上に細かい土を塗り重ねた。へらを使って仕上げて、最後に漆喰を塗って固めた。土の像を完成させるまでに、約1年を要した。④次に、青銅を鋳造するための外型を製造した。外型とは、青銅で鋳造するときの外枠の型のことである。土の像の表面に、鋳型土を塗りつけ、乾燥させてはがすと外型の大まかな形ができるのである。⑤次は中子削りである。青銅の肉厚（5〜6cm）の分だけ、外型の形状を削り取り工程である。⑥次は、鋳型を組み立てる工程である。多数の外型を、土の像の外周に並べて組み立てるのである。外型と外型の隙間から青銅の溶湯が漏れないように、粘土で隙間を埋め、鉄線で外型を土像に巻きつけた。⑦いよいよ鋳造である。260トンもの大量の鋳造は、一度にはできなので8段に分けて、下のほうから順番に鋳造していったのである。鋳造に1年半要した。⑧⑦の鋳造をした状態では、表面に巣穴があったり、バリがでている。これらの鋳造欠陥を、修正する鋳造のやり直しと仕上げに、約5年間を要した。⑨その後、彫刻など台座を修飾した。

　⑩最後に、金と水銀のアマルガムを用いて「金めっき」を施した。この作業にも約5年を要した。このとき、1トン近くの水銀が蒸発し、周りに拡散したため、奈良の都は水銀に汚染されたのであった。平城京から平安京に遷都された一つの理由が、この蒸発水銀を吸うことによる甚大な健康被害であったといわれているのは、

4－2項で述べた通りである。

6－3　古代は「酸化銅」、現代は「硫化銅」を銅の原料に

　本項では、銅の製錬技術の歴史を振り返ることにする。銅Cuは金と同様に貴金属で、「標準電極電位」が高く酸化されにくいため（5－1項を参照）、自然界に純銅つまり自然銅として稀に発見される場合がある。しかし大部分は、酸化銅（Cu_2O）や硫化銅（Cu_2S）などの銅化合物である銅鉱石として存在しているのである。

　1－1項で説明したように、原子番号13のアルミニウムAlや原子番号26の鉄Fe元素は、巨大恒星内部の核融合反応で誕生したのであった。しかし原子番号が29で、鉄よりも重い銅の元素は、巨大恒星の核融合反応では創製することができず、「超新星爆発」や「中性子星同士の衝突」で誕生したと考えられている。「星屑」として宇宙空間にばら撒かれた銅元素は、アルミや鉄と同じように地球を構成する元素の一つになったのである。

　そしてアルミや鉄と同じように、水中や大気中の酸素と自発的に反応して（4－1項を参照）、酸化銅Cu_2Oを生成したのである。その後人類が銅鉱山を発見して、銅鉱石（赤銅鉱Cu_2O）を採掘し、紀元前3800年頃に銅の製錬方法を発見したのであった。

　酸化銅Cu_2Oは、酸化鉄や酸化アルミニウムに比べて融点が1235℃と低いため、還元しやすい（酸素を取り除きやすい）という特徴がある。そのため人類は、鉄やアルミニウムよりもずっと前に、炉やるつぼの中で酸化銅を炭と一緒に加熱すると、比較的簡単に金属銅を得られることに気づいたのである。その代表的な出来事が、紀元前3000年頃のキプロス島で起こった（6－1項を参照）。

　酸化銅鉱石ができるプロセスと、古代の銅製錬方法のエッセンスを、中学生レベルの簡単な化学実験で表わすと、**図6-3-1**のようになる。①最初に、銅板を火で熱して酸化銅Cu_2O（赤銅鉱）を生成させる。②次に、銅板から酸化銅を採取する。③次に、試験管の中に酸化銅と木炭を一緒に入れて加熱する。④すると（1）式に基づく還元反応が起こり、酸化銅の酸素と木炭Cが結びついて、気体の二酸化炭素CO_2となって出ていく。試験管の底には、金属銅が残るわけである。

　もう一つの銅鉱石である硫化銅（Cu_2S）から、銅を製錬する方法は簡単ではなく、またその工程で産出される「排煙」や「排水」などが公害をもたらすという、負の要素を持ち合わせている（次項を参照）。人類が銅を大量に使うようになると、酸化銅鉱石だけでは原料が足りなくなり、硫化銅鉱石を使用せざるを得なくなったの

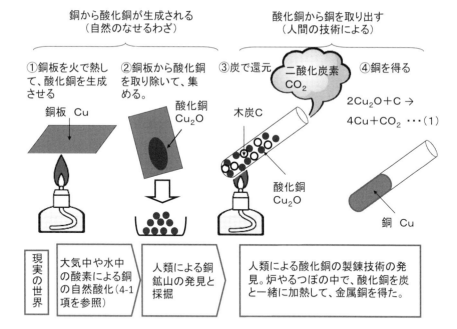

図6-3-1 酸化銅（Cu_2O）から銅を取り出す方法（簡単な化学実験による説明）

だ。銅の製錬が、大規模に行われるようになったのは、16世紀に入ってからのことである。

現在、銅鉱石として主に用いられているのは、硫化銅鉱石の一種である黄銅鉱（$CuFeS_2$）である。採掘されたままの黄銅鉱の中の銅含有率は、0.5～2.0％と非常に低く（6－1項で説明したように、銅のクラーク数はアルミの1000分の1以下のため）、この濃度のままでは製錬が困難である。そこで、黄銅鉱を粉砕し不純物の岩石を除去して、銅含有率を15～20％程度まで高めたものを、製錬の原料として用いているのである。

黄銅鉱から、銅を製錬する工程の概要を**図6-3-2**に示す。①最初の工程では、酸化性雰囲気で黄銅鉱を自溶炉でどろどろに溶かし、銅成分の多い「カワ」と、酸化鉄を主成分とする「カラミ」とに分離する。②次に、溶けたカワを洋梨形の転炉（1-5項を参照）に入れて、空気（酸素）を吹き込むと、カワは激しく燃え上がり、硫黄Sが気体の二酸化硫黄SO_2となって、銅から離れていき「粗銅」ができる。

転炉でできた粗銅には、金、銀、ニッケルなどの不純物がわずかに含まれている。この不純物を取り除く工程が、③の「電気分解」の工程である。粗銅を陽極にセッ

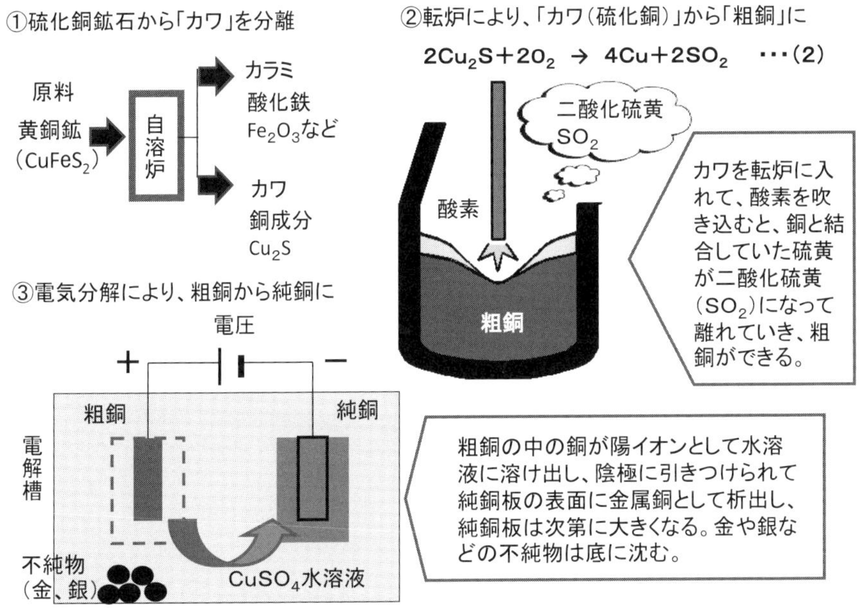

①硫化銅鉱石から「カワ」を分離

原料 黄銅鉱（CuFeS₂）→ 自溶炉 → カラミ 酸化鉄 Fe₂O₃など／カワ 銅成分 Cu₂S

②転炉により、「カワ（硫化銅）」から「粗銅」に

$$2Cu_2S + 2O_2 \rightarrow 4Cu + 2SO_2 \quad \cdots (2)$$

二酸化硫黄 SO₂
酸素
粗銅

カワを転炉に入れて、酸素を吹き込むと、銅と結合していた硫黄が二酸化硫黄（SO_2）になって離れていき、粗銅ができる。

③電気分解により、粗銅から純銅に

電圧
＋粗銅　－純銅
電解槽
不純物（金、銀）
CuSO₄水溶液

粗銅の中の銅が陽イオンとして水溶液に溶け出し、陰極に引きつけられて純銅板の表面に金属銅として析出し、純銅板は次第に大きくなる。金や銀などの不純物は底に沈む。

図6-3-2　硫化銅（Cu_2S）から銅を製錬する方法

トし、陰極には別途つくった純銅の板をセットし、電解液には硫酸銅$CuSO_4$水溶液を用いて、電圧を加え電気分解を行う。

すると、粗銅中の銅が陽イオンとして水溶液に溶け出し、陰極に引き付けられて、純銅板の表面に金属銅として析出するのである。このプロセスで製造された銅は、電気銅と呼ばれ、純度は99.96〜99.98％と高く、銅電線に用いられている。不純物のうち、金と銀は銅よりも「貴」（標準電極電位が高い）であるため、陽イオンとして溶解せずに金属のまま電解槽の底に沈む。ニッケルは銅よりも「卑」（標準電極電位が低い）であるため、電解液に陽イオンとして溶解し、溶けた状態のままで電解液に蓄積されるのである。

6-4　「銅」はなぜ電気を通しやすいのか？

　日本では江戸時代に入ると、足尾銅山や別子銅山など次々と大きな銅鉱山が発見された。アメリカで銅の大鉱山が発見される前の元禄10年（1697年）頃、日本の銅の生産高は世界一の約6000トン／年にも達したのであった。長崎の出島には、中

国やオランダの船がやって来て、日本の銅が輸出されたのである。銅鉱石を掘る人、銅を製錬する人、製錬に必要な木炭をつくる人、銅を船で長崎へ運ぶ人など、銅産業に携わる人は合計数十万人に達していたといわれている。日本の人口が2500万人くらいであったことを考えると、現在の自動車産業に匹敵するほどの、一大産業に発展したのであった。

　その後江戸幕府は、銅輸出抑制政策に切り替えた。足尾銅山は、江戸時代前期をピークとしてその産出量は低下し、幕末には廃山に近い状態になったのである。しかし明治維新後、実業家の古河市兵衛（1832～1903年）が採鉱事業の近代化を進め、1885年に新たな大鉱脈が発見されたことも手伝って、足尾銅山は日本最大の鉱山となり、年間生産高で東アジア一を誇るまでになった。しかし、硫化銅製錬時に発生する鉱毒（①燃焼による排煙②二酸化硫黄SO_2などの鉱毒ガス③銅イオンが含まれる排水）が、付近の環境に多大な被害をもたらすことになってしまったのである。鉱毒ガスやそれによる酸性雨により、鉱山周辺は、禿山になり土壌を喪失し次々と崩れていった。

　この崩壊は、21世紀の今日でも続いている。崩れた土砂は渡良瀬川に流れ込み、この川は天井川となった。また渡良瀬川から取水する田では、稲が立ち枯れるという被害が続出したのである。これに怒った農民は、数度にわたり農民運動を起こした。これを支援した衆議院議員、田中正造は、日本初のこの「公害事件」を告発し、1901年に明治天皇に、足尾銅山鉱毒事件について直訴を試みたのであるが、警官に取り押さえられ失敗に終わった。しかし、東京市中は大騒ぎになり、号外も配られ、直訴の内容は広く世間に知れ渡ったのである。

　銅（特に鋳造性が良い青銅）は、昔は奈良の大仏に代表されるように、仏像の材料として用いられていた。21世紀の今日では、銅は「電気伝導性」が銀に次いで良好であることから（**図6-4-1**を参照）、部品間を電気的に接続するワイヤーハーネス、モータの巻線、ICのリードフレームなど、各種導電材として用いられている。また「熱伝導性」も銀に次いで良好であることから、以前はエンジンを水冷するための熱交換器ラジエーターの材料としても用いられていたが、現在では比重の軽いアルミニウムに置換されている。

　銀や銅はなぜ電気を通しやすいのであろうか？　結論を先に述べると、「金属の電気抵抗は、『格子振動による抵抗』と『不純物や格子欠陥による抵抗』との和で与えられる」とする「マティーセンの法則」で説明が可能となる。金属の固体は、面心立方格子とか体心立方格子のような結晶格子を形成し、金属結合している。自由電子とは、一つの金属原子の一番外側の電子で、その名の通り固体内を自由に動き

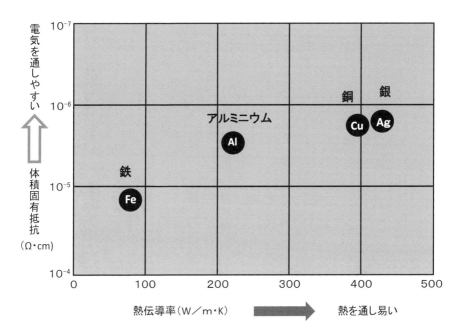

図6-4-1　代表的な金属材料の電気伝導性(体積固有抵抗)と熱伝導性の関係

回ることができる電子のことである。いわば結晶内に高速道路が形成されており、そこを自由電子が好き勝手に行き来できるため、金属は電気を通しやすいのである。これが金属結合の基本である。

　この自由電子の動きを阻止しようとするのが、①格子振動、②不純物、③格子欠陥である(**図6-4-2**を参照)。①格子振動とは、それぞれの格子に配置されている原子(主は原子核)が、振り子の往復運動のように、熱エネルギーによって振動することである。絶対零度(−273℃)では格子振動は起きず、高温になるほど激しく振動するのである。

　各々の原子が振動すると、格子点の中心から振幅分の位置ずれが生じ、その結果高速道路の幅が狭くなり、電気抵抗が増すわけである。②不純物は、高速道路に置かれた障害物に例えることができる。③格子欠陥は、高速道路の真ん中が陥没した状態に例えられる。不純物や格子欠陥があると、自由電子は高速道路を通過しにくくなるのである。つまり電気抵抗が増加する。銅は不純物が少なく、純度が99.9%以上のため電気をよく通すのである。

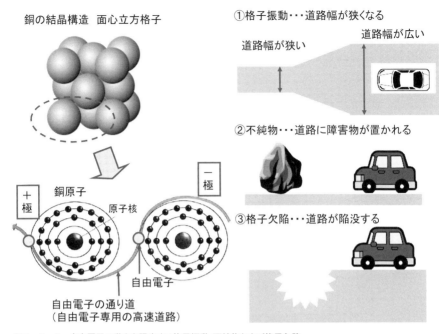

図6-4-2　自由電子の動きを阻止する格子振動、不純物および格子欠陥

6-5　モータに用いられる「マグネットワイヤ」とは何か？

「マグネットワイヤ」（Magnet Wire）は電気機器のコイルとして、例えば電気エネルギーを物理的エネルギーに変換するモータ、逆に物理的エネルギーを電気エネルギーに変換する発電機などの「巻線」に用いられている。

マグネットワイヤは「エナメル銅線」とも呼ばれ、導電性の優れた「銅」に、電気絶縁体であるエナメルを被覆した断面構造をしている。コイル状に巻線をすると、線と線は接触するため、裸銅線のままではその間に電気が流れてしまう。それを防ぎ、巻線方向だけに電気を流して、目的とする機能を果たすために、エナメルと称するポリエステル、ポリアミドイミドなどの絶縁体である樹脂材料で、銅線表面を被覆するのである。マグネットワイヤの断面図を**図6-5-1**に示す。

エンジンで走る内燃機関の自動車に、「鉛電池」が搭載されるようになったのは1920年頃である。当時の自動車は電気で作動する部品は少なく、電気負荷は①スタータモータなどの始動装置（Starting System）、②照明装置（Lighting System）および③イグニッションコイルなどの点火装置（Ignition System）だけであった。よっ

て電圧は6ボルトで足り、これらの電気装置の頭文字を取って、「SLIバッテリ」と呼ばれていたのである。

　自動車用モータは、「小型モータ」（補機モータ）と「駆動モータ」に大別することができる。1970年代以降に利便性と快適性向上のために、パワーウィンドゥ、パワーシート、電動ドアロック、電動ステアリングなどの部品に、次々と小型モータが搭載されるようになっていったのである。昔は、人が手で操作をしていたメカニカル部品が、「パワー」とか「電動」を頭文字にした電装部品に取って代わられ、「電装化」が進んだのであった。現在高級車は、1台当たり120個前後の小型モータを搭載している、といわれている。

　出力が100倍程度大きい駆動モータは、「電気自動車EV」、「ハイブリッド自動車HEV」および「燃料電池自動車FCV」などの「電動車」の、エンジンに替わる駆動源として用いられている。2010年代に入り、本格的な自動車の「電動化」の時代を迎えている。**図6-5-2**にハイブリッド車の駆動モータの一例を示した。

　2－5項で、電磁鋼板について解説を行ったとき、モータの構造を**図2-5-2**に示してあるのでご参照頂きたい。モータは、回転するロータと、静止しているステー

図6-5-1　マグネットワイヤの断面　　図6-5-2　ハイブリッド車用駆動モータの構造例

タとから構成されている。一般的には軟質磁性材料である電磁鋼板がステータに、硬質磁性材料である永久磁石がロータに用いられることが多いが、ハイブリッド車の駆動モータも同様である。

電磁鋼板をプレス成形で任意の形状に打ち抜いて、その電磁鋼板を**図6-5-2**に示すように紙面の表裏方向に何枚も積層することにより、ステータは製作されている。そのステータのUの字をした溝部に、マグネットワイヤは巻き付けられているのである。ステータとマグネットワイヤの間は、電気的に絶縁する必要があるため、樹脂製のインシュレータが施されている。

図6-5-3にマグネットワイヤの製造工程の概要を示す。マグネットワイヤの製造工程は、①伸線工程、②焼鈍し工程、③エナメル皮膜形成工程、の三つの工程から構成されている。(1)伸線工程は、銅線を目的の細さまで引き伸ばす工程で、2-7項で説明した「銅線」の伸線工程と類似している。母材(直径2.5〜3.0mm程度)を引張って、円錐状の孔があいている「ダイス」を通過させることで、出口側の孔サイズと同じの一定の細さの線に加工し、順次細い径のダイスを使って直径0.02〜0.5mm程度の細線に加工するのである。ダイスの材質はクロム鋼、クロム－タン

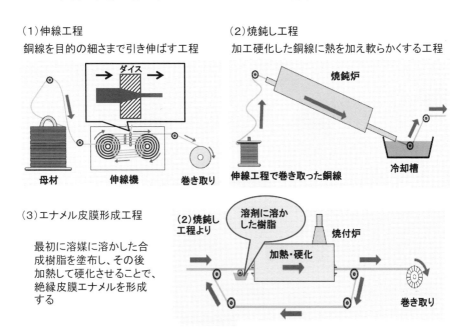

図6－5－3　マグネットワイヤの製造方法

グステン鋼などが使用され、極細線にはダイヤモンドが用いられている。
　（2）焼鈍し工程は、伸線加工で加工硬化した銅線を、加熱した後に、ゆっくりと冷却することで軟化させる工程である。（3）エナメル皮膜形成工程では、最初に、溶媒に溶かした合成樹脂の槽に銅線を浸漬し、その後加熱して硬化させることで、銅線の表面に絶縁体である合成樹脂の皮膜（エナメル）を形成させている。耐熱性、はんだの付きやすさ、電線表面の滑性など、マグネットワイヤの用途に応じて、さまざまな樹脂材料が使いわけられている。

6-6　排ガス「有害3成分」をクリーンにする「3元触媒」とは？

　6章のテーマは、「『環境にやさしいクルマ』を生み出す、銅などの貴金属」であった。環境にやさしい電気自動車EV、ハイブリッド自動車HEVおよび燃料電池自動車FCVの、心臓部である駆動モータのマグネットワイヤは、「銅」を素材に用いている。本章の締め項として、自動車に用いられている銅以外の貴金属を取り上げる。「貴金属」とは、一般的には貴重で高価な金属のことをいうが、化学的には「卑金属」に対する語で、標準電極電位（**図5-1-3**）が水素より高く、空気中で酸化しにくく、腐食しにくい金属のことをいう。具体的には、金（Pt）、銀（Ag）、白金（Pt）、パラジウム（Pd）、ロジウム（Rh）、イリジウム（Ir）、ルテニウム（Ru）、オスニウム（Os）に銅（Cu）と水銀（Hg）を加えた10の元素を指す。

　自動車の「排出ガス」は、日本工業規格によると次の3種類に分類される。（1）排気ガス：エンジンでの燃焼後に、排気管から排出されるガス。（2）ブローバイガス：燃焼室からピストンリングを通り抜け、クランクケースから漏れ出す未燃焼の混合気体。生ガス。（3）燃料蒸発ガス：燃料系（燃料タンクや気化器）から燃料が蒸発したガス。排出ガスの主成分は①一酸化炭素CO、②炭化水素HC、③窒素酸化物NOxの「有害3成分」である（**図6-6-1**参照）。これと一緒に排出される④粒子状物質PMを併せて「排気物質」と呼ぶ。ブローバイガスと燃料蒸発ガスの大部分は炭化水素であるが、硫黄酸化物SOxも含まれる。

　日本では昭和41年から自動車の「排出ガス」規制が開始されて、年々強化されて来た。最近ではガソリン車については、平成12年、13年、14年規制（新短期規制）として①CO、②炭化水素、③NOxの排出基準強化、車載式故障診断（ODB）システムの装着義務付けを実施してきた。

　ディーゼル車についても、平成14年、15年、16年規制（新短期規制）として、③

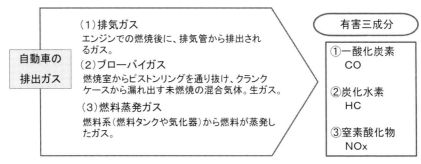

図6-6-1　自動車の排出ガスとは

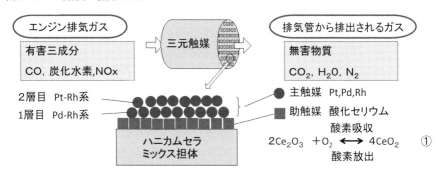

図6-6-2　三元触媒のはたらき

NOxと④粒子状物質PMの規制強化を実施してきた。平成17年にはガソリン車、ディーゼル車とも排出ガス試験法を見直し、平成17年規制（新長期規制）を実施し、平成20年には世界一厳しいレベルの排出ガス規制（ポスト新長期規制）を実施してきたのである。

　これらの規制は、この基準を満たさない車両の「新車」登録を認めないことにより規制する手法で、「単体規制」と呼ばれている。それに対して「車種規制」とは、基準を満たしていない車両の新規登録や継続登録をさせない規制で、「中古車」や「使用過程車」も対象にするため、単体規制よりも厳しく規制する。自動車NOx・PM法がこれに該当する。

　3元触媒（Three-Way Catalyst）は、白金（Pt）、パラジウム（Pd）、ロジウム（Rh）という三つの貴金属と助触媒から成り、ガソリン車の排気ガス中の有害3成分（CO、炭化水素、NOx）を、**図6-6-3**に示す化学反応によって、無害物質に変換させるものである。有害3成分を同時に浄化することからこの名称が付けられ、クルマの排気管の途中の触媒コンバータに設けられている（**図8-3-1**を参照）。一酸化炭素COは、①式に示すように酸素と反応して、二酸化炭素CO_2へと無害化される。同様に

炭化水素は、②式に示すように酸素と反応して、水と二酸化炭素へと無害化される。一方NOxは、④式～⑥式に示すように、酸素を奪われて(還元反応)、窒素へと無害化されるのである。

　開発の当初は、3元反応を促進させるのは白金(Pt)－ロジウム(Rh)系と考えられ、3元触媒として白金(Pt)－ロジウム(Rh)系のバイメタル触媒が基本構成であった。しかし1990年代以降のアメリカの炭化水素HC規制強化に伴い、パラジウム(Pd)のHCに対する酸化性能の優秀さが判明し、1層目をパラジウム(Pd)－ロジウム(Rh)、2層目を白金(Pt)－ロジウム(Rh)とする現在のトリメタル触媒に至ったのである。触媒成分は、この三つの主触媒と助触媒から成り、助触媒としては酸素貯蔵性を有する、セリウムの酸化物であるCeO_2が主に用いられている。

　CeO_2は**図6-6-2**の①式に示す反応式により、酸素の吸収と放出を繰り返す。この化学反応によって空燃比の変動幅を低減し、3元触媒の浄化効率を向上させるのである。CeO_2は、**図6-6-3**の⑦⑧式の水性ガスシフト反応を促進させる効果もあり、COと炭化水素の無害化に貢献している。これらの触媒はハニカム状の多孔性セラミックス(**図6-6-2**を参照)に担持されている。

酸化反応	$2CO + O_2 \Rightarrow 2CO_2$	①
	$HC + O_2 \Rightarrow CO_2 + H_2O$	②
	$2H_2 + O_2 \Rightarrow 2H_2O$	③
還元反応	$2NO + 2CO \Rightarrow 2CO_2 + N_2$	④
	$NO + HC \Rightarrow CO_2 + H_2O + N_2$	⑤
	$2NO + 2H_2 \Rightarrow N_2 + 2H_2O$	⑥
水性ガスシフト反応	$CO + H_2O \Rightarrow CO_2 + H_2$	⑦
	$HC + H_2O \Rightarrow CO_2 + H_2$	⑧

有害物質		無害物質
CO(一酸化炭素)	⇒ CO_2(二酸化炭素)	
NOx(窒素酸化物)	⇒ N_2(窒素)	
HC(炭化水素)	⇒ H_2O(水) + CO_2(二酸化炭素)	

注) HCは具体的な分子ではなく、一般化した炭化水素を表す

図6-6-3　三元触媒による、「有害三成分」を「無害化」させる化学反応

第7章
自動車をもっと軽くする「プラスチック材料」

軽量なCFRP（炭素繊維強化プラスチック）製のBMW i3のキャビン

7−1 「石油」からつくられるプラスチック

　鉄の原料は「鉄鉱石」、アルミニウムの原料は「ボーキサイト」、銅の原料は「銅鉱石」であった。本章で取り上げるプラスチック（合成樹脂）の原料は、「石油」である。石油の成分は、さまざまな分子構造をした液体状の「炭化水素」の混合物である。石油が炭化水素（炭素と水素の化合物）であることを、ご記憶に留めて頂きたい。石油の成因、つまり石油は何から生まれたのか？　については、生物起源説（有機説）と非生物起源説（無機説）とがあるが、今日では、「ケロジェン根源説」といわれる有機説が支持されている。「ケロジェン」というのは、堆積岩の中に含まれる、溶剤に溶けない有機物のことである。

　地質時代のある時期に、地表面が沈没して海や湖ができると、そこには陸上から運ばれてきた泥や砂、陸上や水中に生息している生物の遺骸などが層状に堆積し、堆積盆地ができた。生物（海生の動植物プランクトン、小生物および藻類）の遺骸は堆積する過程で、生体を構成するタンパク質、炭水化物、脂質などの生体高分子が、微生物によってブドウ糖、アミノ酸、脂肪酸などの単量体に分解されていっ

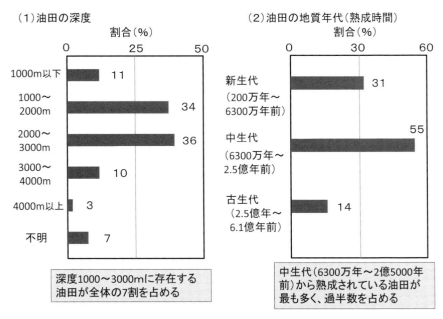

データの出典：『石油のお話』小西誠一　日本規格協会

図7−1−1　油田の深度および地質年代

た。これらの単量体は重縮合をして、フルボ酸やフミンと呼ばれる高分子を合成した。これらはさらに還元、環化および重縮合などの化学反応を繰り返して、溶剤に不溶な「ケロジェン」を生成したのである。

　さらにこのケロジェンの中で、地下深くに埋没したものが、地下の熱で非常に長い時間をかけて熟成（主に熱分解）されて、液体の炭化水素である「石油」になったと考えられている。地下の温度は100m進むごとに3℃上昇するのであるが、ケロジェンが石油に熟成されるには、適切な温度（地下深度）と充分に長い時間を必要とするのである。**図7-1-1**に、現在までに発見されている油田の、深度および地質年代（熟成時間）による分類を示した。地下深度が6000mより深くなると、温度が180℃を超え熱分解が進み過ぎて、石油が天然ガスにまで分解されてしまうのである。

　石油が近代産業として登場したのは19世紀になってからのことで、1859年にアメリカのペンシルベニア州で、元鉄道員であったドレイクが、石油の採掘に世界で初めて成功したのがきっかけとなった。石油から良質な灯油（**図7-1-2**を参照）が得ら

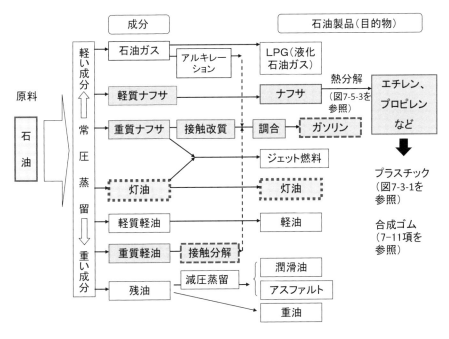

図7-1-2　石油精製工程の概要

れることがわかり、アメリカでは石油の採掘と灯油の生産が始まり、それらはヨーロッパにも輸出された。

　1863年にアメリカでは、後に「石油王」と呼ばれるロックフェラー（1839～1937年）が、オハイオ州クリーブランドに製油所をつくり、1870年にはスタンダード石油㈱を設立し、アメリカの石油を独占したのである。興味深いのは、この時代は現在と違って、石油から「灯油」を蒸留していただけで、今日の花形石油製品である「ガソリン」やプラスチックの原料になる「ナフサ」には、まだその価値が見い出されていなかったのである。1873年にはロシアのカスピ海沿岸のバクーでも油田が発見された。日本では新潟で小規模な油田が発見され、1888年には日本石油㈱が設立された。1907年に、オランダ領インドネシアで石油の生産をしていたオランダのロイヤルダッチと、ロシアのバクー油田の石油を売っていたイギリスのシェル社が合併して、ロイヤルダッチシェル社が設立されたのである。

　ガソリンの需要が伸びたきっかけは、アメリカの「自動車王」フォードが1911年にT型モデルで自動車の大量生産に成功したことで、これ以降ガソリンエンジン車の普及が進み、ガソリンが灯油に替わって石油の主力製品になったのである。1920年代になると、アメリカでは年間1500万台もの自動車が生産されるようになった。これによりガソリンの需要はさらに伸び、重質ナフサからガソリンを生産するだけでは足りなくなり、石油の重質分（重質軽油）を熱分解してガソリンに変える「接触分解法」が開発されたのである。

　この接触分解工程で副生される副生ガスから、溶剤が生産されたのが契機になり、「石油化学」が誕生した。1930年代になると、軽質ナフサを熱分解してエチレンをつくり、そこからポリスチレン、塩化ビニル、ポリエチレンなどのプラスチックが合成されるようになった（7－3項を参照）。

　当初は、石油の一部の成分である「灯油」のみを有効活用していたのであったが、石油化学工業の進歩により、今日では**図7-1-2**に示すように、石油ガス、軽質・重質ナフサ、灯油、軽質・重質軽油そして重油と、あらゆる石油成分を有効活用しているのである。

7－2　プラスチック（合成樹脂）は高分子材料の一種

　自動車に使われているプラスチック（合成樹脂）は、中心元素を「炭素C」とする高分子の一種で、「人工的」に合成された有機高分子である（**図7-2-1**を参照）。高分子とは分子量が約1万以上の分子のことで、その多くはヒモ（鎖）状の構造をして

いる。ヒモ状であるがゆえに、点状の低分子とは異なる性質を示すのである。最も単純な構造であるポリエチレン（－CH_2－CH_2－）nは、エチレンCH_2＝CH_2が多数つながった構造をしている。

　C－C結合だけを考えると、ポリエチレンの直径は0.09nmとなり、分子量を仮に10万だと仮定すると、長さは約900nmになる。この高分子を、直径2mmの冷や麦の麺1本に例えると、長さが20mもある、考えらぬほど長い麺になってしまうのである。

　しかし現実のポリエチレン高分子は、必ずしも棒のように真っ直ぐになっているわけではない。共有結合をするCから出る4本の手は、正四面体の四つの頂点を向いているため、C－C－Cの結合角度は109.5°と定められている（**図7-2-2**を参照）。C－C結合軸の周りは、ある制約の中では自由に回転できるため、熱運動によって折れ曲がったり、ねじれたりする。高分子鎖は熱運動によって、まるで1本の毛糸のように「棒（直線）状」になったり「糸まり（球）状」になったり、形を任意に変えることができるのである（**図7-2-2**および**図7-2-3**を参照）。

　統計熱力学によると、1本の高分子は球形の糸まり状の形になっているときが最も安定している。20～30人の小学生に手をつないでもらい、手を離さないで一人ひとり「自由勝手」に動いてもらう実験を行うと、両端にいる子供の距離は縮み、

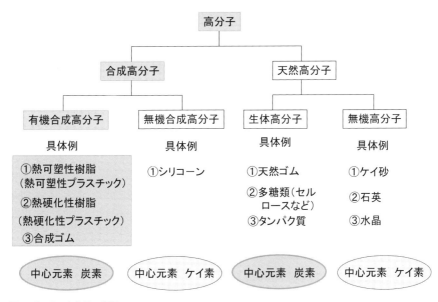

図7-2-1　高分子の分類

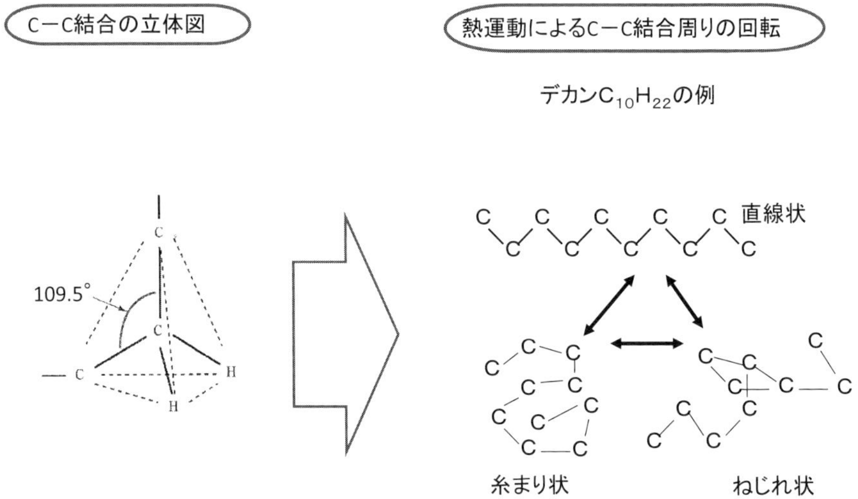

C-C結合の立体図　　　熱運動によるC-C結合周りの回転

デカン$C_{10}H_{22}$の例

109.5°

直線状
糸まり状　　ねじれ状

図7-2-2　高分子のC-C結合

　全体の形は徐々に球形の糸まり状になって落ち着く。1本の高分子が、球形の糸まり状になっているときが最も安定するのは、これと同じ現象である。射出成形（7-6項）で高分子にせん断力を加えて変形をさせると、糸まり状高分子は、直線状に引き伸ばされる。しかし、力を取り除くと、高分子は時間をかけて元の安定した糸まり状に戻るのである。
　また糸まり状の高分子鎖は、独立して存在しているわけではなく、冷や麦の麺の玉のように、一本一本の高分子が互いに絡み合って存在しているのである。

　プラスチック（合成樹脂）は、「熱可塑性樹脂」と「熱硬化性樹脂」とに大別されるが、自動車部品に主に用いられているのは熱可塑性樹脂である。「熱可塑性樹脂」は、加熱すると何度でも溶融して軟らかくなる性質を持つ。それに対して「熱硬化性樹脂」は、ひとたび硬化反応を起こし高分子になってしまうと、3次元の網目構造を形成してしまうため、再び加熱しても二度と溶融しない性質を有する。（4-8項と7-8項を参照）。
　「セルロイド」は、1869年にアメリカのハイアット（1837〜1920年）によって開発された世界最初の熱可塑性樹脂である。彼は、1846年に工業的製造が可能になった「ニトロセルロース」を原料にして、セルロイドを合成した。当時は、ビリヤードのボールに天然高分子の象牙が用いられており、象牙を獲るために年に1万頭もの象が殺されていたのである。1869年ハイアットにより、セルロイド製のビリヤード

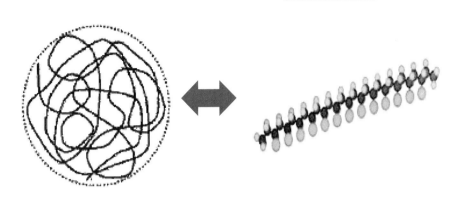

図7−2−3 「糸まり状高分子」と「直線状高分子鎖」のイメージ図

ボールの本格的な生産が始まった。セルロイドが象牙の代替材料になったことで、多くの象は命拾いをしたわけである。セルロイドは、ビリヤードのボールの他に、おもちゃの人形やボタンなどさまざまな日用品に、20世紀初頭から第2次世界大戦の頃まで用いられてきた。しかし、火薬の原料にも用いられるニトロセルロース（**図7-2-4**を参照）を原料としているため極めて燃えやすく、170℃以上に達すると自然発火して火事の原因になることから、戦後はポリエチレンなど他の樹脂に置き換えられたのである。

　1885年、フランス人シャルドネ（1839〜1924年）によって、同じくニトロセルロースを原料とて世界最初の合成繊維レーヨンがつくられた。「レーヨン（Rayon）」とは、Ray（光線）に語源を持つ繊維である。人類は、細くて美しい「光の糸」によに見える天然繊維「絹」に、長い間あこがれ、その絹のような繊維を何とか人の手でつくりたい、という願いからやっと生まれた人工繊維が、「レーヨン」なのである。しかし、この原料でつくられたレーヨンはやはり極めて燃えやすく、レーヨンのドレスを着た婦人が火だるまになるという事故が続発し、生産中止となった。現在のレーヨンは、この欠点を克服している。原料にニトロセルロースではなく、セルロースそのものを再配列したものを用いており、「再生セルロース繊維」と呼ばれている。

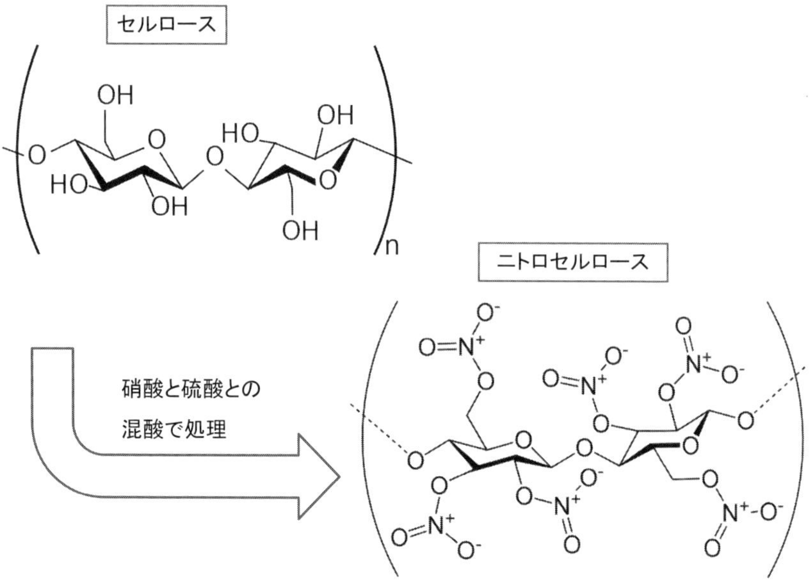

図7-2-4　セルロースとニトロセルロース

7-3　4大汎用樹脂の一つ、「ポリエチレン」

　燃えやすい「セルロイド」に、戦後取って代わった熱可塑性樹脂が、ポリエチレン樹脂である。現在日本において、非常に多くの種類のプラスチック（合成樹脂）が生産されているが、生産量の約70%は、「汎用樹脂」と呼ばれているポリエチレン（低密度と高密度がある）、ポリプロピレン、ポリスチレンおよび塩化ビニル樹脂の4大樹脂が占めている。その中でも、最も生産量が多い樹脂はポリエチレンで、スーパーのレジ袋、たまごの包装パック、灯油缶など多くの用途に用いられている。

　ポリエチレンは、ビニル重合（$CH_2 = CH_2$の付加重合、**図7-3-2**を参照）によって合成される。**図7-3-1**に示すように、ビニル重合によるプラスチックの合成は、1928年のポリ酢酸ビニル、1930年のポリスチレン、1931年の塩化ビニル樹脂などですでに工業化されていた。しかし同じビニル重合系でも、ポリエチレンは液相での重合が困難なため、工業化に成功するまでに長い時間を要したのであった。

　1930年代初に、イギリスI.C.I社（Imperial Chemical Industries）は、高圧下（1,000～3,000気圧）でしかも高温下（150～160℃）の環境において、わずかに酸素が存在すればポリエチレンが重合される事実を、試験管レベルの実験で発見していた。し

かし、ここから工業化までの道のりは極めて厳しいものがあり、1938年にようやく工業生産を開始することが可能になったのである。

1000気圧を超える高圧が、障害になったのであった。当時、工業化されていた化学反応プロセスの中で、最も高圧であった化学反応は、アンモニア合成法の約350気圧であった。ポリエチレンの重合には、その3～8倍も大きい圧力に耐えられる耐圧反応容器などを、新たに開発する必要があったわけである。難産の末誕生した、「高圧」で合成されたポリエチレンは、結晶性が低く低密度であるため、「低密度ポリエチレン」と呼ばれている。透明で軟らかい性質であるため、現在ではスーパーのレジ袋などに用いられている。

イギリスのI.C.I社により、1938年に世界で初めて工業化された高圧下でのポリエチレンの重合技術は、その後アメリカに技術移転されたのであった。非極性(分子内に電気的な偏りを持たない物質)であるポリエチレンは、高周波特性に優れ、高周波電線の絶縁被覆など、軍事用レーダーの材料としても用いられるようになった。ポリエチレンを用いたアメリカ軍のレーダーと、それを用いない日本軍のレーダー

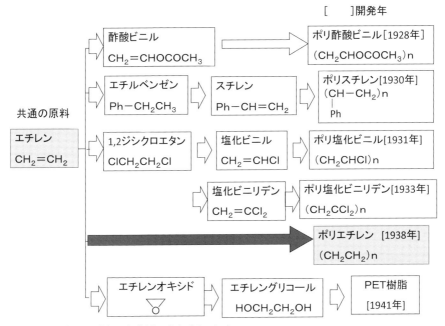

図7-3-1 「ビニル重合」で合成される主なプラスチック

第7章 自動車をもっと軽くする「プラスチック材料」

との性能差が、太平洋戦争で日本が敗れた原因の一つとされている。

1941年太平洋戦争が始まったときに、日本の軍部は、イギリスやアメリカがポリエチレンを使うことによって、レーダーの性能を画期的に向上させていたという秘密情報を、知る由もなかったのである。当時の日本海軍は夜戦が得意であったのだが、敵がアメリカの場合には、勝ち目がなかったのである。敵がどこにいるのかわからないのに、敵の砲弾は正確にこちらに飛んでくるのであるから、日本海軍はまったく歯がたたなかった。

太平洋戦争初期の激戦であった、フィリピンのコレヒドールの戦いで、日本軍はアメリカ軍レーダーの高周波電線を奪取することができ、現物を分析することにより、電線の絶縁物をポリエチレンと断定することができたのである。

そこで、日本でもポリエチレンを生産しなければならないという機運が生まれ、戦時研究班が組織された。京都大学工学部化学科の児玉信次郎博士が中心となり、民間企業との協業で、1943年に研究が開始されることになった。ポリエチレンの重合のポイントは、高圧下（1,000〜3,000気圧）で反応させることで、この高圧に耐えられる特殊な実験装置を試作することから始める必要があった。またポリエチレンの重合反応には、適量な酸素が必要で、少なければ反応が起きず、多過ぎれば反

> ビニル（ラジカル）重合は、工業的に多く用いられる付加重合の1つ。
> エチレン誘導体$CH_2=CHX$ で表わされるビニルモノマーは、ラジカル重合により高分子となる（ X： H, Cl, C_6H_5＝Ph など。ポリエチレンはH ）
> 重合開始剤として、過酸化ベンゾイル（BPO）などの過酸化物が用いられる。

（1）重合開始剤（過酸化物）のラジカル発生反応　（過酸化ベンゾイルBPOの例）

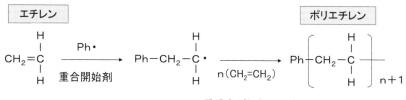

図7−3−2　ポリエチレンのつくりかた……ビニル（ラジカル）重合とは

応が爆発的に起こってしまうという、危険を伴う実験でもあった。
　1年後の1944年に、0.3グラムという、まさに試験管レベルのポリエチレンの重合に成功した。しかしスケールアップの実験装置を製作している最中に、終戦を迎えた。日本でポリエチレンの工業生産が始まったのは戦後で、研究開始から15年後の1958年のことであった。

7-4　自動車バンパーに用いられる「ポリプロピレン」

　日本における自動車部品の本格的なプラスチック化は、乗用車のバンパーにRIMポリウレタンが採用された1977年頃から始まったとされている。日本自動車工業会は、1973年から2001年までの30年近くの間、各自動車メーカから提供されたデータに基づいて、「普通・小型乗用車における原材料構成比率の推移」を公表してきた（図7-4-1を参照）。
　これに従えばプラスチックの「使用率」で表わすと、乗用車1台当たりのプラスチック材料の構成比率（重量）は、1973年から2001年の28年間で、2.9％から8.2％へと2.8倍も増大している。自動車の車両重量はこの28年間で約60％増加しているので、乗用車1台当たりのプラスチックの「使用量」で表わすと、乗用車1台当たり4.5倍に増えたことになる。さらにこの28年間に国内での乗用車生産台数は、約2倍になっているので、国内自動車産業におけるプラスチックの全体の使用量は、約9倍に増加したことになるのである。
　乗用車1台当たりのプラスチック材料の構成比率が2.8倍増加したということは、プラスチックに代替されて、比率が減少した材料があるわけだが、それは鉄鋼材とゴム材料である。この28年間で、鉄鋼材は81.1→73.0％と8.1％も減少（内訳　鋳鉄1.7％、普通鋼5.6％）、ゴムは4.8→3.0％と1.8％減少している。
　プラスチックの中でも、「ポリプロピレン」と「エンプラ」と呼ばれている機能性プラスチック（ナイロン、PBT、PPSなど）が増加している。21世紀に入ってからも、エンジン周り部品（インテークマニホールドやシリンダーヘッドカバー）を中心に樹脂化がさらに進展しており、2016年現在の国内車のプラスチック構成比率は9～10％程度に達していると推定されている。

　話を前項に引き続いて、合成樹脂の「重合技術」の歴史に戻す。高圧下（1,000～3,000気圧）での低密度ポリエチレンの重合技術は工業化されたのであるが、高圧であるが故の設備コスト増大や、結晶性が低いことによる材料性能面での問題が

あり、低圧下でのポリエチレンの重合技術が望まれていた。

この要望に応えたのが、ドイツのチーグラー（1898～1973年）であった。彼は1953年に、数気圧という従来に比較して極めて低い低圧で、ポリエチレンの重合を可能とする触媒（後にチーグラー触媒と呼ばれる）を開発したのであった。このプロセスで重合されたポリエチレンは、結晶性が高く高密度であるため「高密度ポリエチレン」と呼ばれており、剛性が高いため、容器やパイプさらには自動車部品にも、用いられるようになった。

翌1954年イタリアのナッタ（1903～1979年）がチーグラー触媒に改良を加え、それまで困難とされていたポリプロピレン（以下PP）の重合に成功したのである。PPは比重が0.9と小さく、図7-4-1に示すように自動車に最も多く採用されている樹脂材料で、バンパーなどの大物樹脂部品の材料として用いられている。PPは、側鎖であるメチル基（－CH$_3$）の立体的な配置により、①アイソタクティックPP（iPP）②シンジオタクティックPP（sPP）③アタクティックPP（aPP）の3種類の立体異性体が存在する（図7-4-2を参照）。iPPは、メチル基が同じ位置にそろった立体的な規則性を持っているため、結晶性が高くなり、剛性や耐熱性などの物性がこの3種

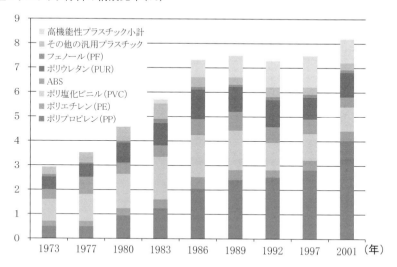

各種プラスチック材料の構成比率（%）

出典：日本自動車工業会「日本の自動車工業2001」

図7-4-1　普通・小型乗用車におけるプラスチック材料の構成比率の推移

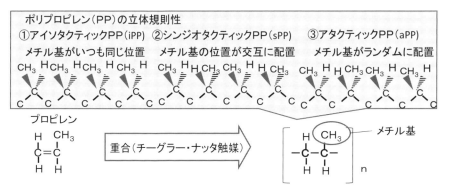

図7-4-2　ポリプロピレンとは

類の中で最も優れている。従って、普通PPといえばiPPのことを指し、重合工程でいかにiPPの収率を上げるかが課題となった。当初35％くらいであった収率は、現在では100％に近い所まで改良が進められてきている。

　自動車メーカはPPメーカと共同して、バンパーやインパネなどの自動車部品に適した独自のPPを開発してきた。例えば「SOP」はSuper Olefin Polymerの略で、1990年代初頭からトヨタ自動車と国内のPPメーカが、共同開発したバンパーやインパネ用途の自動車用PP複合材料の総称である。トヨタのTをつけたTSOPとして、自動車のカタログにまでその名称が記載されている。TSOPとは、PPの中にエラストマー（延性に優れた樹脂）とタルク（無機質）を加えて、ミクロ分散させることで、物性向上と流動性向上（生産性向上）との両立を図った複合材料である。

　Olefin Polymer（オレフィン系ポリマー）とは、一般式C_nH_{2n}で表わされるオレフィン系炭化水素（エチレンC_2H_4、プロピレンC_3H_6など）を原料とする、ポリマーの総称である。

7-5　自動車機能部品に用いられる「エンプラ」とは

　自動車に用いられている樹脂材料は、PPのような汎用樹脂だけではない。エンジンの吸気系・冷却系、燃料系、ブレーキ系部品などには、汎用樹脂よりも材料性能の優れたエンジニアリングプラスチック（以降エンプラ）やスーパーエンプラと呼ばれる、比較的近年に開発された樹脂材料が、適材適所に用いられている。

　熱可塑性樹脂は、金属のように固体になると結晶になる「結晶性プラスチック（樹脂）」と、次章で登場するガラスのように固体になっても結晶にならない「非晶性プラスチック（樹脂）」に分類できる。上で述べた汎用樹脂、エンプラおよびスーパーエンプラはそれぞれ、結晶性および非晶性プラスチックに分類することが可能である（**図7-5-1**を参照）。

　樹脂材料の重要な性能の一つに耐熱性が挙げられる。耐熱性を表わす科学的な指標として、結晶性樹脂には「融点」を、非晶性樹脂には「ガラス転移点」を用いる。**図7-5-1**の材料名の隣にその値を記した。汎用→エンプラ→スーパーエンプラの順に、耐熱性などの材料性能は向上するのであるが、それに伴ない材料費も高く

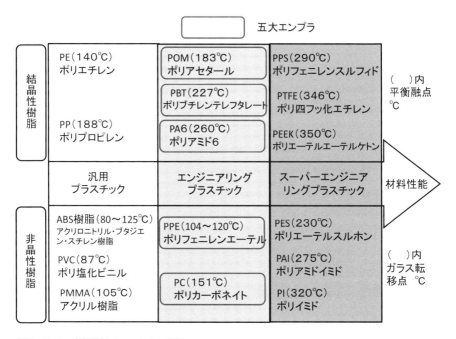

図7-5-1　熱可塑性プラスチックの分類

なる。スーパーエンプラPEEKの融点は350℃で、亜鉛の融点420℃に近づいている。エンプラの厳密な定義があるわけではないが、一般的には「100℃以上の環境に長期間さらされても、50MPa程度の引張り強度と、2.5GPa以上の弾性率を持つ材料」とされている。特に「五大エンプラ」と称されている五つの樹脂材料について、名称、種類、官能基、分子構造、材料の特徴、自動車での用途を**図7-5-2**に整理した。材料が開発された古い順に上から並べてある。

ナイロン6は最も古くに開発されたエンプラで、エンジン吸気部品など自動車で最も多く採用されているエンプラである。ポリカーボネイトは透明で衝撃性が高く、ヘッドライトのレンズに用いられている。ポリアセタールは耐摩耗性・潤滑性に富み、ドア周辺機能部品や小物ギアに採用されている。ポリブチレンテレフタレートは、絶縁性など電気的特性が良好であるため、コネクターなど自動車電装部品に用いられている。

汎用プラを代表するポリエチレンやポリプロピレンは、**図7-5-3**に示すエチレンプラントで熱分解して得られる大量のエチレンやプロピレンを、重合して製造されている。PPなどの汎用プラは、工業化する前にすでに分子構造は決まっており、「こ

名称(開発年度)	種類	官能基	分子構造、材料の特徴	自動車での用途
ナイロン6 (1941年)	アミド系 結晶性	H O | || —N—C—	機械的特性良好 H O | || (—N—(CH$_2$)$_5$—C—)n	・エンジン吸気部品 (インテイクマニホールド) ・エンジン冷却部品
ポリカーボネイト (1958年)	カーボネイト系 非晶性	O || —O—C—O—	透明で衝撃性が高い CH$_3$ O (—O—⌬—C—⌬—C—O—)n CH$_3$	・ヘッドライトのレンズ ・外装部品 (ドアハンドル)
ポリアセタール (1960年)	エーテル系 結晶性	—O—	耐摩耗性、潤滑性に富む (—O—CH$_2$—)n	・ドア周辺機構部品 (ドアロック、窓ガラス昇降部品)
ポリフェニレンエーテル (1967年)	エーテル系 非晶性	—O—	CH$_3$ (—O—⌬—)n 寸法精度 CH$_3$ 良好	・タイヤのホイールキャップ ・メーター部品
ポリブチレンテレフタレート (1970年)	エステル系 結晶性	O || —O—C—	絶縁性など電気特性良好 O O || || (—O—C—⌬—C—O—(CH$_2$)$_4$—)n	・ブレーキ部品 ・ワイヤーハーネスコネクタ
参考 ポリプロピレン (1954年)	オレフィン系 結晶性		比重が0.9と最も軽い (—CH$_2$CHCH$_3$—)n	・内装部品 ・バンパー

図7-5-2　五大エンプラの特徴と自動車での用途

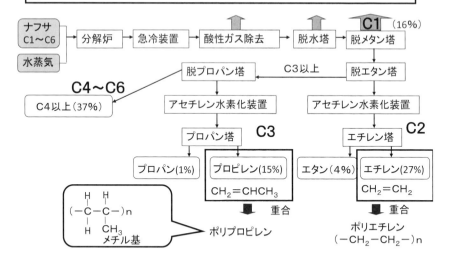

図7-5-3　エチレンプラントの概要

の分子構造で、自動車のどこに使えるのか？」というプロダクトアウト的な考え方で用途拡大を図ってきた。それに対してエンプラは、耐熱性などの性能を向上させるために、分子構造そのものに工夫をこらして新たな分子構造を創造し、マーケットイン的に市場を開拓してきたのである。

　合成樹脂を構成する主な元素は炭素C、水素H、酸素O、チッソN、硫黄Sの5元素であるが（CHONS、チョンスと覚えておくと便利）、このわずか5元素の、組み合わせや結合のしかた如何で、材料性能が大きく異なるのが有機材料の特徴なのである。

　代表的なエンプラ「ナイロン」の、名の由来を紹介する。1938年デュポン社は「クモの糸より細く鉄鋼よりも強い、石炭と空気と水からつくる魔法の繊維」というキャッチフレーズで、ナイロン66繊維を華々しく登場させた。ナイロン（Nylon）は、当初デュポン社の商標名であったが、現在では合成高分子ポリアミドの総称にもなっている。絹産業が日本の輸出産業の柱であった時にナイロン繊維が出現したため、日本の絹産業・養蚕業は大きな打撃を受けたのである。ナイロンの語源には、①ナイロンの出現で、日本の「農林」業界がひっくり返るという意味でNolynの逆

> ナイロン66は、アジピン酸とヘキサミチレンジアミンとが重縮合してアミド基を形成することにより、重合される。ナイロン66はアメリカのデュポン社により1938年に、ナイロン6は日本の東レによって1941年に工業化された。

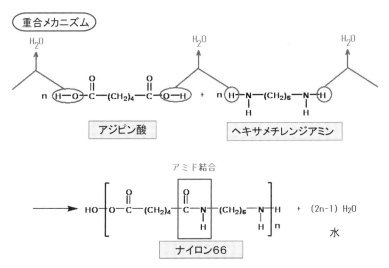

図7-5-4　カロザースが発明したナイロン66の合成方法

転語とした、②ナイロンの発明者であるカロザースが、ニヒル (nihilistic) な人であったのでニヒルをもじった、など種々の説がある。

　もっともらしい説は、高価な日本の絹ストッキングが糸切れして、いわゆる伝染 (run) が起きることが女性にとって大問題であったのに対して、デュポン社が発売に当たって、ナイロンは丈夫で切れにくいのでNo-runと名付けようとしたが、先に商標登録があったためNylonとしたというものである。デュポン社製ナイロンストッキングは、発売後1年間だけでも実に6400万足も売れた。当時のアメリカの総人口は約1億2300万人（2016年の日本の総人口と同じくらい）であったので、成人女性は必ず1人が1足以上買っていたことになる。デュポン社の成功事例の一つとなる出来事であった。

7-6　「流す」「形にする」「固める」が樹脂成形の基本

　エンプラやスーパーエンプラの材料設計は、分子構造を工夫することによって、耐熱性や弾性率などの材料性能を高めようとする考え方であった。汎用結晶性樹脂

ポリエチレンの平衡融点は140℃であったのに対して、剛直な分子構造を持つスーパーエンプラ結晶性樹脂PEEKのそれは、350℃にまで向上している。しかし何事にも限界がある。プラスチック単独の弾性率は2～5GPa程度に留まっており、金属（鋼の弾性率は210GPa）やセラミックスに比べればとても軟らかい材料である。

　そこで、さらに弾性率を向上させるための第2の手段として、「ガラス繊維」などの強化材と複合化する方法が採られている。ガラス繊維の弾性率は約75GPaで、プラスチックより一桁以上も大きいのである。この手段は2-2項で説明した、鋼板の「ハイテン化」の材料設計の考え方に類似しており、「軟らかいプラスチックに、硬いガラス繊維を混ぜる」という「複合材料」の考え方である。

　セラミックスの一種である硬いガラスについては、8章で詳細説明を行うが、強化用ガラス繊維は、アルミノケイ酸塩ガラスというガラスの一種である（**図8-5-1**を参照）。ガラス繊維の直径は10～17μmで、樹脂との接着性を高めるために、繊維の表面にはシランカップリング剤が塗布されている。ガラス繊維の添加量は40～50重量％くらいが上限である。

　図7-6-1に、ガラス繊維強化ナイロンを例に、「ペレット」の製造方法を示す。自

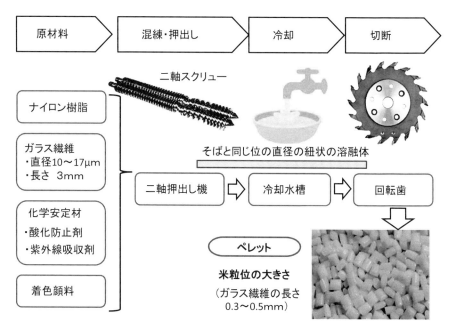

図7-6-1　「ペレット」の製造プロセス（ガラス繊維強化ナイロンの例）

動車樹脂部品の多くは射出成形法でつくられているが、このとき用いる米粒状の素材のことを「ペレット」と呼んでいる。主原料であるナイロンとガラス繊維に、化学的安定剤や着色顔料を微量加えて、2軸押出し機でナイロンの融点以上の温度で混練し、「そば」と同じくらいの直径の紐状の溶融体を押し出す。それを冷却水槽で冷却固化して、「米粒」くらいの長さに切断してペレットにする。ガラス繊維は2軸押出し機のスクリューによって切断されるため、当初3mmあったガラス繊維の長さは、ペレット中では0.3〜0.5mmまで短くなっている。バンパー用のPPなど、ガラス繊維で強化していない自動車樹脂材料も多く存在している。

自動車の樹脂部品は、射出成形、押出し成形、ブロー成形などさまざまな工法で生産されているが、射出成形が主力工法である。樹脂の成形加工とは、「高温化して流動性を与えた樹脂材料に、最終製品形状とほぼ同じ形状を付与し、固体化して取り出す」と表現できる。具体的には、①「流す」(プラスチック材料に流動性を与える)②「形にする」(所定の形状にする)③「固める」(所定形状のままで固体化する)という、三つのプロセスで構成されている。製品形状が3次元であれば

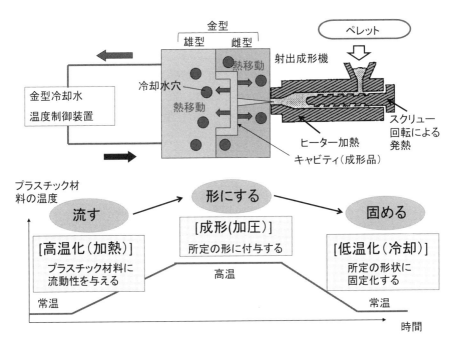

図7−6−2 「射出成形法」とは

射出成形を、断面形状が2次元的に一定であれば押出し成形を、ペットボトルのような中空体であればブロー成形を選定する。いずれの工法でも、ペレットを原料として用いている。

図7-6-2に射出成形法の概要を示す。常温で固体のペレットを、射出成形機で加熱して「高温化」すると、流体としての性質を強く示すようになり流れやすくなる。樹脂には融点を持たない非晶性樹脂があるため、材料に流動性を与える工程を「溶かす」ではなく「流す」という言葉を用いている。結晶性樹脂の融点は140〜350℃くらいで、鉄1536℃やアルミ660℃に比べると非常に低い。従って、小さな熱エネルギーで流動性を持たせることができるため、LCA（ライフサイクルアセスメント）の観点では優れている。しかし融点が低いということは、逆にいえば鉄やアルミに比べて耐熱性が劣ることを意味する。

「高温化」によって流動性を与えられた材料に、力を加えて所定の形状に成形するのが「形にする」プロセスである。射出成形は、雄型と雌型の二つの金型を用い、金型間に所定の3次元製品形状（キャビティ）を予め作成しておき、その空間に材料を射出して、閉じ込める方法である。このようにして形状が付与されるのであるが、この状態のままでは流体の性質が強いために、わずかな外力を加えただけで、せっかく付与した形状が崩れてしまう。そこでこの形状を保持する目的で、「固める」プロセスが必要になるのである。「固める」とは、固体の性質を強めることで、そのために高温の成形品を冷却して「低温化」させる。高温の樹脂成形品から、低温に温度制御された金型へ、熱伝導による熱移動が起こるため、成形品は冷却されて温度が下がり、金型から取り出せるようになるのである。

7-7　自動車軽量化の切り札「炭素繊維」

前項で説明したように、現在自動車の「機能部品」に用いられている樹脂材料の多くは、「ガラス繊維」で強化された複合材料である。最近、強化材料として、ガラス繊維よりも軽くて強い、「炭素繊維」が注目を集めており、炭素繊維強化樹脂（CFRP）を採用して軽量化を図っている高級乗用車やスペシャリティカーが登場し始めた（**図7-7-1**を参照）。

炭素繊維とは、文字通り炭素（黒鉛）が一方向に連なった繊維のことである。炭素繊維の一番の特徴は、軽くて強い、軽くて硬いことである。炭素繊維の比重は1.8で鉄の4分の1以下、弾性率は400〜900GPa程度であり、「比弾性率」では鉄の5倍以上、「比強度」では鉄の10倍以上になり、非常に高い力学特性を持っている（**図**

社名	トヨタ自動車	ランボルギーニ	富士重工業	ダイムラー	BMW	トヨタ自動車	BMW
発売年	2010年	2011年	2011年	2012年	2013年	2014年	2015年
車名	レクサスLFA	Aventador LP 700-4	インプレッサ WRX	Mercedes-Benz SL	電気自動車 i3	燃料電池車 MIRAI	i7
適用箇所	キャビン	キャビン	ルーフ	後部リッド	キャビン	水素タンク	ピラー サイドシール
成形法	オートクレーブ RTM SMC	オートクレーブ RTM	RTM	RTM	RTM	フィラメント・ワインディング FW	RTM

図7-7-1　自動車へのCFRPの主な適用事例

7-7-2および**図7-7-3**を参照）。

　炭素繊維は単体で使用されることは少なく、樹脂との複合材料CFRPとして用いられ、自動車では本章の扉に示したキャビンなど、自動車骨格にも採用されている。自動車骨格のような構造材料として最も重要な特性は、弾性率や強度などの力学特性である。同じ弾性率であれば、軽い方が軽量化にとって有利になる。従って、単位重量当たりの弾性率や強度である「比弾性率」や「比強度」が、技術指標として用いられているのである。

　炭素繊維は用いる原料によってPAN系とピッチ系に分類されるが、使用量の90％以上をPAN系が占めている実態を踏まえ、本書ではPAN系について説明を行う。PAN系炭素繊維のPANとは、「ポリアクリロニトリル」のことで、熱可塑性樹脂の一種である。PANの分子構造は$(CH_2-CHCN)_n$で、**図7-3-2**で説明したビニルモノマー$CH_2=CHX$が付加重合してポリマーになったものである。この場合XはCNで、PAN樹脂を繊維状に伸ばしたものがPAN繊維である。セーターなどに用いられているアクリル繊維と、基本的な性質は同じで、これが炭素繊維の原料

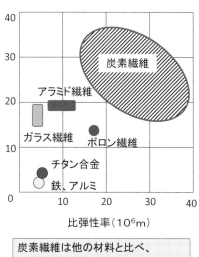

図7-7-2 炭素繊維の力学特性

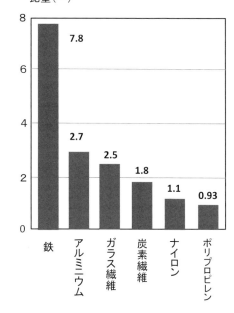

図7-7-3 主な物質の比重

になるのである。

　PAN繊維の元素組成は重量％で、炭素Cが68％、窒素Nが26％、水素Hが6％である。この「PAN繊維」を焼成し化学反応させて、窒素Nと水素Hを除去することにより、炭素C(黒鉛)だけの「炭素繊維」に変化させるのである。

　炭素繊維の製造工程は、①耐炎化工程②炭化工程③黒鉛化工程④表面処理工程の四つから成っている（**図7-7-4**を参照）。最初の①耐炎化工程では、PAN繊維を耐炎化炉内に連続的に通過させながら、通常の空気雰囲気中において、200〜300℃で加熱酸化処理を行う。これにより「直鎖状」であった高分子構造が、「環状」の高分子構造に変化し、高温でも溶融しない熱硬化性樹脂のような「耐炎化繊維」を生成する。

　次の②炭化工程では、耐炎化繊維を炭化炉内へ連続的に通過させながら、耐炎化繊維が酸素と反応して燃えないように、酸素が存在しない窒素雰囲気中において、1000〜2000℃という高温で加熱処理を行う。この加熱処理により窒素Nと水素Hはそれぞれ気体のN_2、H_2となって脱離して行き、「炭化繊維」を生成する。炭化繊維の元素成分は、炭素Cが92％以上、窒素Nが7％以下、水素Hが0.3％以下になっ

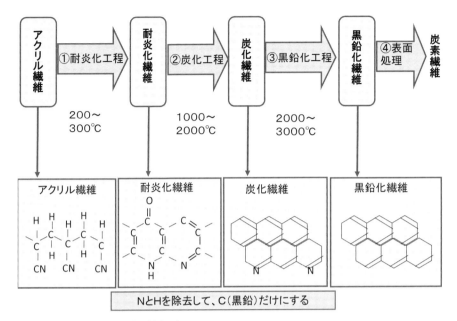

図7−7−4　PAN系炭素繊維の製造工程

ている。

　より弾性率の大きい「黒鉛化繊維」をつくる場合は、炭化工程の後に③黒鉛化工程を設ける。②の炭化工程と同様に、酸素が存在しない窒素雰囲気中において、さらに高温の2000〜3000℃で加熱処理を行う。この熱処理により、窒素Nと水素の脱離がさらに進み、炭素C成分がほぼ100％の完璧な黒鉛結晶が形成されるのである。最後の④表面処理工程で、樹脂との接着性を向上させるために、繊維の表面にカップリング剤を塗布する。この工程を経たものを、一般的に「炭素繊維」と呼んでいるのである。

　炭素繊維の直径は、ガラス繊維の直径（10〜17μm）よりやや細い7μm程度のものが主に用いられている。この単繊維を1000〜5000本の単位でまとめて束にした「繊維束」が完成品の荷姿で、この繊維束を巻き取ってボビン（**図7-7-5**を参照）にする。

　炭素繊維は、非常に優れた力学特性を有している。しかし、1000〜3000℃の高温で加熱処理をして製造されるため、莫大なエネルギーが必要で、コスト高が課題となっている。またLCAの観点でも好ましくはない。そこでこの課題を克服するた

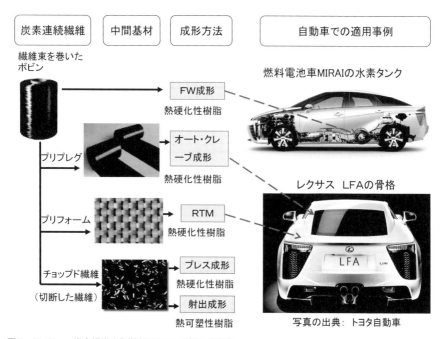

図7-7-5　炭素繊維強化樹脂CFRPの現状の成形法

めの研究が、経済産業省のプロジェクト「革新炭素繊維製造プロセス開発」(2011年度~)において、現在進められている。

7-8　炭素繊維強化樹脂CFRPの成形法

　樹脂材料の弾性率や強度などの力学特性を向上させるために、ガラス繊維や炭素繊維で強化した複合樹脂材料が、自動車機能部品に採用されていることを前項で説明した。繊維強化樹脂材料で成形された成形品の①「弾性率」、②「引張り強度」および③「衝撃強度」と、成形品の中の「強化繊維の長さ」(残存繊維長という)との関係を、**図7-8-1**に示す。材料力学の「材料の複合法則」に従い、成形品中の繊維の長さが長いほど、①から③の物性値は向上する。また物性値の残存繊維長に対する依存性(物性値が一定値に収束するときの、残存繊維の長さ)は、衝撃強度>引張り強度>弾性率の順になる。

　しかし逆に、残存繊維長を長く維持しようとすると、繊維強化樹脂材料の成形性(生産性)が悪化するため、特殊な工法を選ばざるを得なくなるのである。以下、炭素

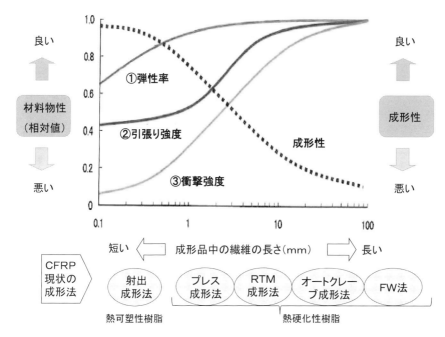

図7-8-1　成形品中の強化繊維の長さと、力学特性・成形性の関係

　繊維強化樹脂CFRPの成形法について説明する。**図7-7-5**も参照して頂きたい。
　2016年時点において、実用化されている炭素繊維強化樹脂CFRPに用いられている樹脂材料は、エポキシなどの熱硬化性樹脂が主流で、熱可塑性樹脂は、射出成形用のペレット材として用いられているだけである。**図7-6-1**の方法で製造されるペレットは、ペレット中の炭素繊維の長さが0.3〜0.5mmと非常に短く、物性向上は望めない。そこで「複合法則」に従い、物性を向上させるために残存繊維長をより長くする成形法で、CFRPの自動車部品は生産されている。これらの工法に、熱硬化性樹脂が用いられているのである（**図7-8-1**）。
　繊維長を最も長く残せる工法が、「フィラメントワインディング」（以降FW）と呼ばれる成形法である。一部の自動車のプロペラシャフトが、本工法により鋼材からCFRPに置換された実績がある。またトヨタ自動車の燃料電池車MIRAIで、700気圧の高圧に耐えられる水素燃料のタンクの製造工法に、本成形法が採用されている。**図7-8-2**に示すようにFWは、連続した炭素繊維の束を、硬化していない液状のエポキシ樹脂を含浸させながら、製品形状を施したマンドレルと呼ばれる回転している芯材に巻き付けて形をつくる方法である。巻き付け完了後、加熱炉で樹脂を

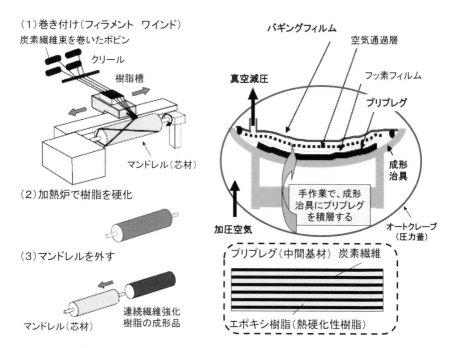

図7-8-2　FW(フィラメントワインディング)法の概要　　図7-8-3　プリプレグ・オートクレーブ成形の概要

硬化させて、マンドレルを外す。FWの長所は、繊維の連続性が確保できることと、繊維の含有率が高いことで、力学特性を最も高めることが可能である。短所は工法の原理上、形状自由度が極めて限られることである。

　航空機の主翼など、大型複雑形状製品に適用されているのが、「オートクレーブ法」である(**図7-8-3**を参照)。一部の超高級車のキャビンが、この成形法で生産されている(**図7-7-1**を参照)。オートクレーブ法は、「プリプレグ」と呼ばれる中間基材をカットして、製品形状を施した成形治具の上に手作業で積層し、大まかな形状をこしらえる。次にバギングフィルムを被せて真空減圧した後、オートクレーブ(圧力釜)の中に入れて、加熱・加圧を行う。オートクレーブ内に加圧空気を入れることで、バッグの上から加圧を行う。製品形状に固まるのに、数時間を要する。プリプレグとは、多数本の炭素繊維の束にエポキシ樹脂を含浸して、シート状にした中間基材である。FWに次いで、力学特性の高い成形品を得ることが可能であるが、多大な工数と時間が必要であるため、コストが非常に高くなる。

　BMW i3キャビンなど、自動車で最も多く採用されているCFRPの成形法が「RTM」(レジントランスファーモールディング)である。RTMは**図7-8-4**に詳細

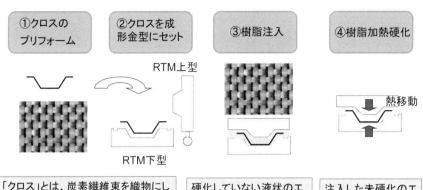

図7-8-4　RTM(レジントランスファーモールディング)法の概要

を示すように、炭素繊維のクロス(織物)を積層して下金型にセットして、金型を閉じて、エポキシ樹脂と硬化剤とを混合しながら金型内に注入し、加熱硬化して成形品を得る成形法である。

　また、「熱硬化性樹脂のプレス成形」は、SMC(シートモールディングコンパウンド)成形とも呼ばれている成形法である。ビニルエステル系の熱硬化性樹脂に、10～30mm程度に切断した炭素繊維を、30～40重量％混合してシート状の中間基材をつくり、それを下金型に積層してプレス成形する方法である。

　以上が、現在自動車部品に適用されている、熱硬化性樹脂CFRPの成形法である。しかしRTMやSMCに用いる熱硬化性樹脂は、硬化反応して高分子になるまでに最低でも10分以上の時間を要するため、自動車業界ではもっと短いサイクルで生産可能な成形技術が求められている。2014年より経済産業省のプロジェクト「新構造材料技術研究」において、熱可塑性樹脂CFRPのプレス成形技術である「LFT-D」の開発が、名古屋大学ナショナルコンポジットセンターを中心にして、自動車メーカ・炭素繊維メーカとの協業で現在進められている(**図7-8-5**を参照)。

第7章　自動車をもっと軽くする「プラスチック材料」

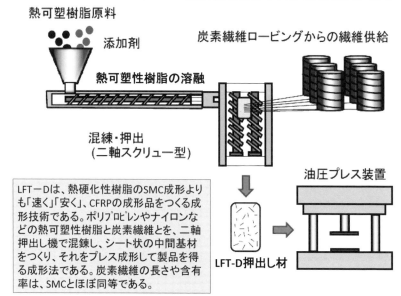

図7-8-5　LFT-D　(Long Fiber Thermoplastic-Direct)の工程の概要

7-9　次世代自動車が、プラスチックに求めるものは何か？

　世界的に見ると2016年時点では、まだ内燃機関（エンジン駆動）のクルマが主流である。しかし次世代自動車と呼ばれている電気自動車EV、ハイブリッド電気自動車HEV、プラグインハイブリッド電気自動車PHEVおよび燃料電池自動車FCVが増加していることも間違いのない事実である。このような次世代自動車は、プラスチックに対して何を求めているのであろうか？

　「電気自動車（EV）」では、エンジン本体とそれに関連する燃料系、吸気系、パワートレイン系の部品が一切不要になる。従って図7-9-1に示した、内燃機関自動車のエンジンルームに存在していた樹脂部品の、大半は消滅したのである。代わりに、新規の電気エネルギーシステム（電池、モータ、インバータ）を搭載しており、このシステムの小型化、高集積化を図るために、熱伝導性や高周波特性に優れた電気絶縁性が、プラスチックに求められている。

　内燃機関自動車では空調の暖房は、エンジンで暖められた熱を利用している。しかしEVにはこの熱源が無いので、内燃機関自動車以上に熱のマネジメントを工夫

する必要がある。例えば冬場、窓ガラスを通しての車内からの放熱量を抑制するために、窓ガラスの材料を現状の無機ガラス（8-5項を参照）から、熱伝導率のより小さい樹脂（透明なポリカーボネイト）に置換することで、室内の低温化を抑えることが可能になる。樹脂化により車両の軽量化も図れるため、各社で検討が進められている。

「ハイブリッド電気自動車」には、従来のガソリンエンジンと併せて電気エネルギーシステム（電池、モータ、インバータ）を搭載しているため、必然的に車両重量が重くなってしまう。従ってより一層の軽量化が求められており、ボディ骨格に対して本書で述べてきたように、鋼板のハイテン化、アルミ合金化、CFRP化などが進められている。電気エネルギーシステムには、EVと同様に、熱伝導性や高周波特性に優れた電気絶縁性が、プラスチックに求められている。

電気動力で駆動するEV、HEVおよびPHEVには、「大電流・高電圧」の電気が流れるパワーエレクトロニクスシステムが搭載されている。そのため従来からの小型電装部品に比べて、桁違いに大きな電気抵抗によるジュール熱が発生する。銅線は温度が上昇するほど電気抵抗が増加するので、モータなどの効率が低下する。

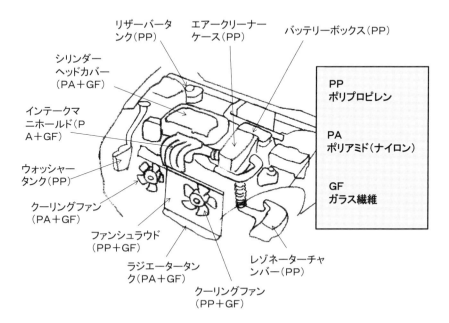

図7-9-1　自動車エンジンルーム内の主なプラスチック部品

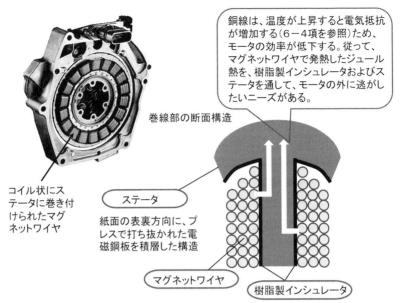

図7-9-2 ハイブリッド自動車用駆動モータの構造例

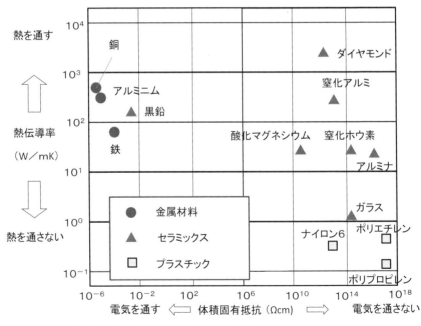

図7-9-3 物質の熱伝導率と電気抵抗(体積固有抵抗)の関係

銅線の高温化を抑えるために、高熱伝導性の電気絶縁材料が望まれているのである。**図7-9-2**にハイブリッド車用駆動モータの巻線部の断面構造を示す。巻線部はマグネットワイヤ（6-5項参照）、電磁鋼板（2-5項参照）を積層したステータおよび樹脂製インシュレータから構成されている。

　このインシュレータに求められているのが「電気絶縁性」と「高熱伝導性」なのである。つまり「熱」は通すが「電気」は通さない材料が望まれているのである。**図7-9-3**に物質の「熱の通しやすさ」と「電気の通しやすさ」との関係を示した。鉄、アルミ、銅などの金属は、「熱」も「電気」も通す性質を有している。なぜならば、金属には「自由電子」が存在し、自由電子が熱と電気を伝えるからである。

　樹脂材料は自由電子を持たないため、「熱」も「電気」も通さない。一方セラミックスは、「熱」は通すが「電気」は通さない物質である。セラミックスは、樹脂と同様に自由電子を持たないため電気を伝えない。しかし、セラミックスを構成する原子の「格子振動」により、熱は伝えるのである（**図7-9-4**を参照）。世の中で最も熱を伝えやすい物質は、金属材料ではなく、3次元結晶構造を有し、格子振動で熱を伝えるダイヤモンドである。

（1）金属材料
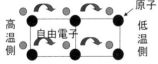

（2）セラミック材料
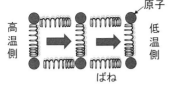

（3）樹脂材料

図7-9-4　熱伝導のメカニズム

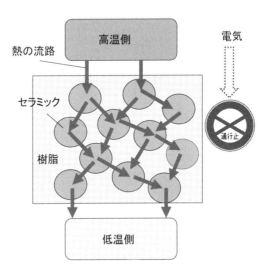

図7-9-5　「熱」は通すが「電気」を通さない複合樹脂材料の構造

樹脂は、一つの高分子の中では炭素原子同士が強い共有結合で結ばれているが、結晶性樹脂といえども数割程度しか結晶化していない。また、高分子と高分子との間は弱いファンデルワールス力で結ばれているだけなので(**図8-1-3**を参照)、格子振動によって伝わる熱エネルギーは少ないのである。そこで、「電気絶縁性」と「高熱伝導性」を兼ね備えたセラミックスの微粒子を、**図7-9-5**に示すように樹脂材料の中に均等に分散させて、電気絶縁性と高熱伝導性を両立させた「複合樹脂材料」が開発されている。用いられているセラミックスは、窒化アルミニウム、酸化マグネシウム、窒化ホウ素、酸化アルミニウムなどである。

7-10　燃料電池自動車の心臓部に使われている、高機能樹脂材料とは？

2014年12月にトヨタ自動車から、究極のエコカーとされるFCV燃料電池自動車MIRAIが発売された。燃料電池の発電の原理を**図7-10-1**に、燃料電池の構成単位であるセル(単電池)の構造およびセル内の化学反応を**図7-10-2**に示す。単に水素

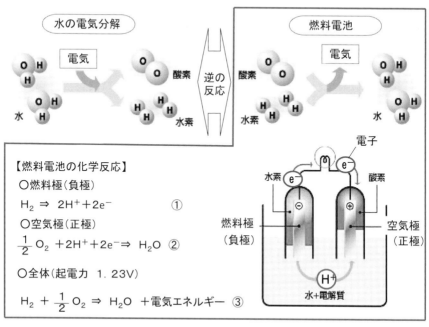

図7-10-1　燃料電池の発電原理

と酸素を混ぜて反応させると、水生成時のエネルギーは「熱」として放出されるだけである。それを電気として取り出すために、**図7-10-2**に示したような複雑な機構がが必要なのである。

　燃料電池とは、いったいいつ、誰によって発明されたのであろうか？　それは、産業革命が進むイギリスで、電磁誘導の法則や電気分解の法則を発見したマイケル・ファラデー（1791〜1867年、4−5項を参照）の師であるハンフリー・デービー（1778〜1829年）によって、1801年に発明されたといわれている。デービーは、前年に発明されたボルタの電池を用いて、カリウムやナトリウムをはじめとする6個の金属元素を発見した、優秀な化学者である。彼は水溶液の電気分解の逆反応として、「燃料電池の原理」を発見したのであった。

　現在私たちが消費する電力のほぼすべてが、1831年にファラデーが発見した電磁誘導の法則を応用した「発電機」によって生産されている。燃料電池の原理は、それより30年前に発見されていたことになる。燃料電池は確かに「電池」の一種ではあるが、水素と酸素を絶えず供給しなければならないので、むしろ「発電機」と言ったほうがふさわしい装置なのである。電磁誘導の法則で師を越えたファラデーは、「デービーの最大の発見はファラデー」と称えられたのであった。しかしながら、

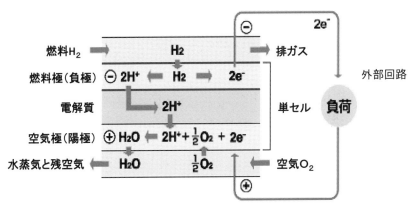

燃料電池本体は、セル（単電池）を積み重ねてできている。空気極と燃料極は気体を通す構造をしており、酸素と水素がその中を通る。水素は燃料極において、H^+と電子に分離される。電解質はイオンのみを通す性質のため、電子は外部回路を流れるのである。電解質の中を通過したH^+は、空気極に送られた酸素および外部回路に流れた電子と反応して水を生成する。「反応に関係する電子が外部回路を流れる」ことは、発電そのもののことで、上図に示したセル内の化学反応が燃料電池の具体的な発電原理である。ひとつのセルが作れる電気は電圧で約0.7Vである。

図7−10−2　燃料電池のセル内の化学反応

21世紀がほんとうに水素社会になり、燃料電池で多くの電力を賄う時代がやって来たとき、人々は「ファラデーの最大の発見はデービー」と、デービーを今以上に称えることになるであろう。

20世紀に入ると、燃料電池の実用化に向けた研究が始まった。燃料電池は重量当たりのエネルギー密度が大きく、排出される水は飲用に使えるので、1965年米国NASAの有人宇宙船ジェミニ5号の電源に、「固体高分子型」の燃料電池が初めて採用されたのであった。引き続きアポロ計画でも搭載された。日本では1990年代に、電力事業やオフィスビルに使われる大容量の「リン酸型燃料電池」が実用化され、21世紀に入ると家庭用コジェネレーションシステムや自動車向けの小型燃料電池の開発が急激に進み、現在に至っている。

MIRAIに搭載されている「固体高分子型」燃料電池は、電解質に「高分子膜」を用いた燃料電池である。60〜90℃という低温で機能する電解質の材料として、合成樹脂の一種であるナフィオンなどの「陽イオン交換膜」を用いている。イオン交換膜とは、同符合のイオンのみを通過させる機能を有した膜のことで、陽イオン

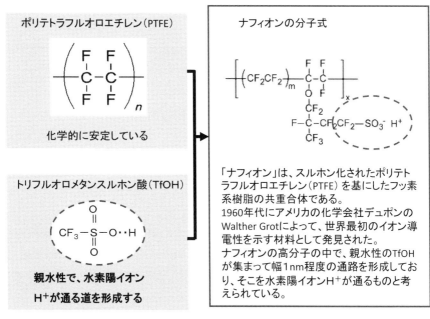

図7-10-3　水素陽イオン　H^+　交換膜、「ナフィオン」とは

だけを通過させる陽イオン交換膜と陰イオンだけを通過させる陰イオン交換膜とが存在している。

　ナフィオンはポリテトラフルオロエチレンPTFE(C_2F_4) nの化学安定性と、トリフルオロメタンスルホン酸$(CF_3SO_3H$、以降TfOHと記す)の親水性を併せ持つ、高機能な樹脂材料である。「燃料極」で発生した水素陽イオンH^+と電子e^-のうち、水素陽イオンH^+のみを通過させるという、非常に重要な役割を果たしている合成樹脂なのである。ナフィオンの高分子の中で、親水性のTfOHが集まって、幅1nm程度の通路を形成しており、そこを水素陽イオンH^+が通るものと考えられている(**図7-10-3**を参照)。

　固体高分子型燃料電池の電極の役割と、水素陽イオンH^+の授受の様子を**図7-10-4**に示す。電極の機能は、(1)化学反応を起こさせること、(2)水素、酸素および水を効率よく輸送すること、(3)電子を流すこと、である。

　固体高分子型燃料電池は動作温度が低いので、化学反応の速度を上げるために白金触媒を用いている。白金は、「水素の酸化」と「酸素の還元」の反応を促進させる。現在よく用いられている電極は、表面積の大きいカーボンブラック(炭素微

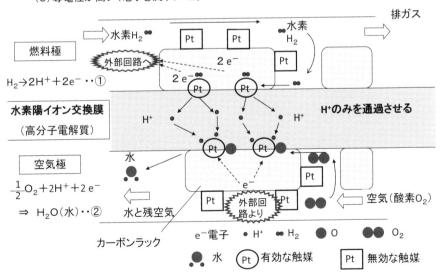

図7-10-4　固体高分子型燃料電池の電極の役割　および水素陽イオンH^+授受の様子

粉末)に白金微粒子を担持したもので、燃料極と空気極の両方に用いられている。

　水素タンクから供給された「水素H_2」は、燃料極において①式に従いH^+と電子e^-とに分離される。イオン交換膜(高分子電解質)はH^+のみを通すため、「電子e^-は外部回路を流れる」。高分子電解質を通過したH^+は、空気極に送られた「酸素O_2」および外部回路に流れた電子と反応して水を生成する(②式を参照)。「反応に関する電子が、外部回路を流れる」ことは、発電したことを意味するのである。

7－11　自動車タイヤの原料「天然ゴム」と「合成ゴム」

　本章の締めとして、プラスチックと同じ炭素系の高分子である「ゴム」を取り上げる(**図7-2-1**を参照)。ゴムは自動車の安全を守るタイヤに使われている。自動車のタイヤの原料は、「天然ゴム」と「合成ゴム」をブレンドしたゴムである。ゴムの木の樹液から採れる「天然ゴム」の歴史は、遥か6世紀のアステカ文明にまで遡ることになる。しかし、人間が天然ゴムを生活にうまく活用するようになったのは、コロンブスがアメリカから天然ゴムを持ち込んだ16世紀のヨーロッパであった。しかし、南米ジャングルに自生するゴムの木から採った天然ゴムを、何も手を加えずにそのまま「生ゴム」として使っていたため、寒いときは硬く、暑いときはべとついて、とても使い難いものであった。

　19世紀に入り1839年、アメリカのチャールズ・グッドイヤー(1800～1860年)は、生ゴムに硫黄Sを30～40%混ぜて加熱すると、「ゴム弾性」(小さい力で大きな変形が起こり、力を除くと直ちに元に戻る性質。**図7-11-1**を参照)が飛躍的に向上することを、発見したのであった。1846年にイギリスのハンコックは、硫黄とゴムが「架橋」しているためにゴム弾性が生じる原理を見い出し、生ゴムと硫黄を混練・加熱して架橋させる「加硫装置」を開発した。このゴムは黒色で光沢があり、外観がコクタン(ebony)に似ていることから、「エボナイト」と命名されたのであった。

　グッドイヤーとハンコックにより、天然ゴムの利用範囲はゴム靴、防水衣料、防振吸収材などに大きく広がり、エボナイト工業が興った。世界最初の熱可塑性樹脂であるセルロイドの工業生産が始まったのが1869年(7－2項を参照)であるので、工業化の歴史はゴムの方が熱可塑性樹脂よりも20年程度古いことになる。硫黄による生ゴムの架橋状態を**図7-11-2**に示す。8個の原子から成る環状の硫黄分子S_8は、加熱より開環して直鎖状の分子になり、ゴムの高分子同士を結びつけて架橋する。8原子から成る直鎖状の硫黄分子は、架橋反応が進むにつれて分解が進み、最終的には1原子になるのである。

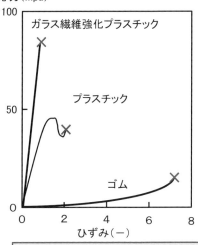
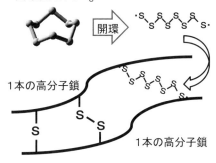

ゴムはプラスチックに比べよく伸びる。小さな応力でも、5～10倍も変形する「ゴム弾性」を示すのである。

硫黄分子S_8は、8員環から成る分子構造をしている。これが開環して、ゴムの高分子鎖を結びつけて架橋させる。8個原子の直鎖硫黄分子は、架橋反応が進むにつれて分解が進み、最終的には1つの原子になる。

図7-11-1　プラスチックとゴムの応力-ひずみ曲線　　図7-11-2　硫黄によるゴム高分子鎖の架橋

　エボナイト工業が興ると、1888年にイギリスのダンロップは、この材料を用いて子供用の「3輪車」の空気入りチューブタイヤを発明したのであった。このゴムチューブタイヤは、やがてイギリス中の「自転車」のタイヤに普及した。ゴムの需要が増えてくると、ゴムの木は、南米ジャングルと気候が似ているイギリスの植民地セイロンやマレーで栽培されるようになった。東南アジアでのゴム栽培が盛んになった1930年以降、南米ジャングル産の野生ゴムは、世界のゴム市場から姿を消したのである。20世紀になって自動車が世界で普及するようになると、自動車タイヤの原料として、天然ゴムの需要は爆発的に伸びたのであった。

　天然ゴムの主成分はポリイソプレン(**図7-11-3**を参照)で、ゴムの木の中で生成される「生体高分子」である(**図7-2-1**を参照)。ゴムの樹液(ラテックス)は、ポリイソプレンが水溶液の中でミクロ分散したエマルジョンの状態になっている。現在、天然ゴムと合成ゴムの生産量は同じくらいで、自動車タイヤは、この両方を原料として用いている。「合成ゴム」は、当然ながら天然ゴムよりずっと歴史が新しい。太平洋戦争で、日本がゴムの木の栽培地である東南アジアを占領したため、イギリスやアメリカは天然ゴムの入手が困難になり、国家戦略として天然ゴムに代わりう

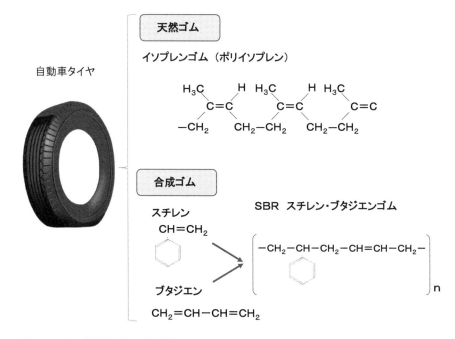

図7−11−3　自動車タイヤのゴム原料

る合成ゴムの開発を急いだのである。このような経緯の中で、天然ゴムに力学特性が最も近い「SBR（スチレン・ブタジエンゴム）」が開発されたのである（**図7-11-3**を参照）。

　現在の自動車タイヤの主原料は、天然ゴムとSBRとをブレンドしたものである。合成ゴムの原料には、合成樹脂と同様に、石油を精製したナフサを用いている（**図7-1-2**を参照）。エチレンプラントでナフサを熱分解してC2（エチレン）、C3（プロピレン）およびC4以上の成分に分離する（**図7-5-3**を参照）。このモノマー成分を素材として、合成樹脂と同様に、SBRをはじめさまざまな分子構造の合成ゴムを重合しているのである。

　しかし多くの種類の合成ゴムが開発されているにも関わらず、天然ゴムの引張り強度を超える合成ゴムは未だに発明されていないのである。また天然ゴムの原料である樹液が、どのような生体プロセスで生成されているのかに関しても、詳細は未だ解明されていない。

7-12 プラスチックとゴムは何が違うのか？

　プラスチック（合成樹脂）も合成ゴムも石油由来のナフサを原料とする炭素系高分子である。しかしプラスチック製パイプは硬く、ゴムひもは軟らかい。同じ炭素や水素などの原子から成る高分子でありながら、なぜこのような違いが生じるのであろうか？　プラスチックの代表例として、熱可塑性で非晶性のポリスチレン（以降PSと記す）を、合成ゴムの代表としてポリブタジエン（以降PBと記す）を取り上げて、それぞれの材料の弾性率（硬さ）が温度によってどのように変化するのかを見ていくことにする。

　図7-12-1の縦軸は弾性率を表し、上にいくほど硬く、下にいくほど軟らかくなる。横軸は温度を表す。－120℃という極低温から、スタートすることにしよう。この温度では、PSもPBも、1000MPa以上の弾性率があり硬い状態である。ここから徐々に温度を上げていくと、PBは－85℃くらいになると急激に弾性率が低下する。このように、急激に弾性率が変化する温度のことを「ガラス転移点」と言い、Tgと記す。

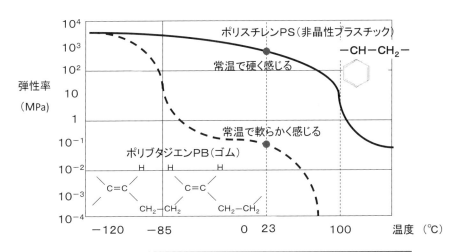

ポリブタジエン（ゴム）のガラス転移点は常温より低い－85℃であるため、常温では軟らかい。
ポリスチレン（プラスチック）のガラス転移点は常温より高い100℃であるため、常温では硬い。

図7-12-1　プラスチックとゴムの弾性率の温度依存性

一方でPSは、−85℃当たりの温度では、弾性率の低下はほとんどみられない。さらに温度を常温(23℃)まで上げていくと、PBの弾性率は0.1MPa程度まで減少し、軟らかくなっている。一方PSは、常温でも1000Mpa程度の弾性率(硬さ)を維持しており、硬いままである。−120℃では同等の弾性率を有していた2材料が、常温ではPBが0.1MPa、PSが1000Mpaと4桁も差が開いてしまうのである。この理由は、PBのガラス転移点が常温よりも低いためである。さらに温度を上げていくとPSは、PSのガラス転移点である100℃で、急激に弾性率が減少して軟らかくなる。プラスチックであるPSのガラス転移点は、常温より高い100℃であるため、常温では硬い状態を保持しているのである。

　ガラス転移点とは、高分子鎖の「ミクロブラウン運動」が凍結される温度のことである。個々の高分子は、それぞれ固有のガラス転移点を有している。**図7-12-2**に示すように、高分子鎖はガラス転移点より高温領域において、分子全体の重心は動かなくても、非晶領域にある無秩序な分子鎖が、炭素−炭素結合の周りを自由に回転して、分子の姿形を変幻自在に変えることができるのである。このため弾性率

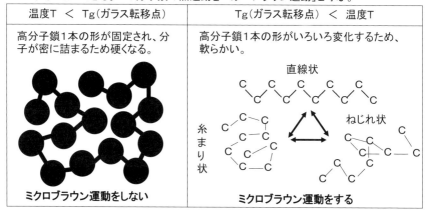

図7−12−2　ガラス転移点とミクロブラウン運動の関係

は下がり、軟らかくなるのである。この分子鎖の熱運動のことを、「ミクロブラウン運動」と呼ぶ。一方ガラス転移点より低い温度領域では、高分子鎖は一つの形に固定され、分子が密に詰まるため硬くなるのである。

　ドイツのカール・ベンツが、世界で初めてガソリンエンジンを搭載した自動車を発明したのは1885年のことである。当時の自動車タイヤは、中実のゴムを車輪の外周に取り付けた、空気の入っていないソリッドタイヤであった。そのため時速30km程度でも長く走ると、摩擦熱でゴムが焼け焦げてしまったのである。ベンツより4歳年長のイギリス人ダンロップは、前項で述べたように、1888年に彼の息子の3輪車に初めての空気入りタイヤを用いた。このゴムチューブタイヤは、数年のうちにイギリス中の「自転車」に応用され、自転車の乗り心地を飛躍的に向上させた。このゴムチューブタイヤを、台頭しつつあった自動車のタイヤにも応用しようとする試みが行われるようになった。しかし、鉄鋼製の重い車両重量がネックとなり、ゴムチューブタイヤは直ぐにパンクを起こしてしまうのであった。

　世界で最初にゴムチューブタイヤを自動車用に実用化したのは、フランスの貴族であったミシュラン兄弟である。2人は、1895年に行われたパリ～ボルドー往復1200kmの自動車耐久レースに、自分たちで開発したゴムチューブタイヤを履いたプジョー車で参戦したのである。2人は、たび重なるパンクで22本のスペアタイヤをすべて使いきりながらも、1200kmを完走した。優勝こそ逃したものの、レース途中では優勝者の倍の時速60kmを記録し、圧倒的な走行性能の良さを見せつけたのであった。これにより、ゴムチューブタイヤは急速に普及していったのである。

　技術は進歩し、タイヤ内部にインナーライナーというゴムシートを貼り付けて、これがチューブの役割を果たして空気漏れを防ぐ「チューブレスタイヤ」が、現在では主流となっている。2016年のタイヤ世界シェアは、1位が日本のブリヂストン、2位がフランスのミシュラン、3位がアメリカのグッドイヤーである。

7-13　ゴムが伸びたり縮んだりする原理、「エントロピー弾性」

　自動車のタイヤには鉄鋼製のばねが付いており、上下方向の振動を吸収している。鉄のばねを引張ると伸び、その力を除くと素早く元の長さに戻る。ゴムひもを引張ると伸び、その力を除くと素早く元の長さに戻ることと、一見すると同じような現象である。しかし、この現象を引き起こしている原理がまったく違うことは、あま

り知られていないのである。鉄は金属結合でできており、力を加えると鉄原子と鉄原子の距離が長く伸ばされる。そして力を除くと、エネルギー的に安定している元の原子間距離に戻ろうとする（弾性変形内において）。この伸縮の原理を「エネルギー弾性」という。

　これに対してゴムひもが伸縮する原理は、ゴムの炭素原子の間の距離が変化するからではなく、「エントロピー」という熱力学的な物理量によって説明されるのである。ゴムの1本の高分子は、力を加えないと**図7-13-1**に示す「糸まり状態」になっている。この状態で引張ると、高分子が伸びきった直鎖状に変形する。そして力を除くと、元の糸まり状に戻る。糸まり状が最も安定（エントロピーが最大）した形だからである（7－2項を参照）。

　エントロピーとは、系の乱雑さや無秩序さを表す量のことで、熱力学第2法則は「エントロピーは不可逆反応において常に増大する」としている。高分子1本が伸びきった状態は、分子が一定の方向に整列しており、エントロピーは小さい状態である。この状態で力を除くと、より乱雑で無秩序でエントロピーが大きい、糸まり状に戻るのである。これが「エントロピー弾性」といわれるもので、高分子の挙動を理解する上で重要な概念である。

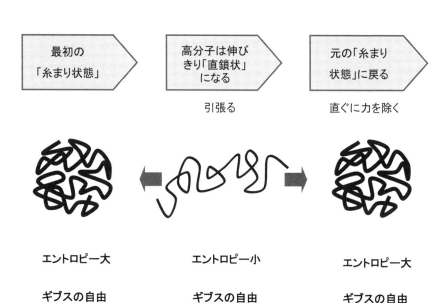

図7－13－1　ゴムの伸縮の原理「エントロピー弾性」とは何か？

エントロピーは、不可逆反応（自発的な反応）において常に増大する。「エントロピーの増大」という表現は、4－1項「錆の発生」（自発的な反応）のところで説明した、「ギブスの自由エネルギー減少」という表現に、置き換えることができるのである。

　ゴム伸縮の原因を理解する上でもう一つ重要なことは、**図7-11-2**で説明した「架橋」というゴムの高分子構造である。**図7-13-2**に示すように、糸まり状態の「未架橋生ゴム」を、長時間引張り続けて伸ばしたままにしておくと、徐々にその形になじんでしまい、元の糸まり状態に戻らずに塑性変形をしてしまう。それに対して、硫黄を加えてゴム高分子間に橋を架けた架橋構造にすることにより、「エントロピー弾性」が飛躍的に向上するため、応力を除去すると元の形に戻るのである。

　前述の、タイヤの世界第1位のシェアを誇るブリヂストンの創業者である石橋正二郎（1889～1976年）は、明治22年福岡県久留米市に生まれた。17歳のとき、家業の仕立物業（シャツ、ズボン下、足袋などの注文に応じる業）を、兄とともに継いだ。

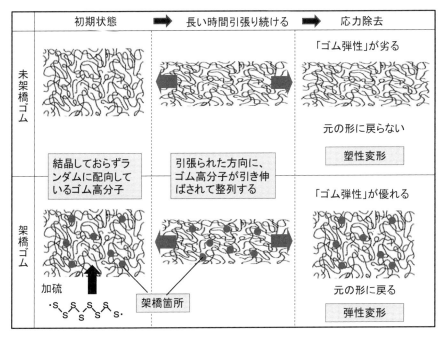

図7－13－2　　架橋ゴムと未架橋ゴムの変形の違い

正二郎は仕立物業を足袋(たび)専門業に改め、徒弟制度の廃止や機械化による生産の効率化を図ったのである。

　大正時代、日本の勤労者の履物は依然として「わらじ」であった。しかし、わらじでは足に充分に力が入らないため作業の効率が悪く、また釘やガラスの破片を踏み抜きやすく、危険でもあった。そこで彼は、わらじよりもはるかに耐久性に富む、ゴム底足袋（足袋にゴム製の底を縫い付けたもの）の開発に取り組んだのである。しかし開発したゴム底足袋は、縫い糸が切れやすく、耐久性が無いという問題に突き当ったのであった。

　この問題をいつも考えていた彼は、東京の百貨店で偶然見つけた米国製のテニス靴からヒントを得て、従来の縫い付け方式から、ゴム糊をゴム底の粘着に用いた「貼り合わせ方式」に転換することで、成功を収めたのである。大正12年に「地下足袋(じかたび)」という商品名で売り出したところ、爆発的な人気を博した。地下足袋という言葉は、今日では普通名詞になっている。その後彼は自動車タイヤに注目したのであった。当時は日本国内の自動車保有台数はわずか5万台程度であったが、米国ではすでに2300万台にも達していたのである。

　将来日本でも、国産自動車が数多くつくられるようになると考えた彼は、タイヤの国産化を開始した。社名には当初、石橋の姓を英語風にもじって「ストーンブリッヂ」を考えたが、あまり語呂が良くないことから「ブリヂストン」と並び替え、タイヤの商標名にもしたのである。タイヤシェア世界2位の会社「ミシュラン」を興したミシュラン兄弟が、世界初の自動車用空気タイヤを履いたプジョーで、パリ～ボルドー往復1200kmの自動車耐久レースに参戦してから36年後の、1931年のことであった。

第8章
自動車の名わき役材料「セラミックス」

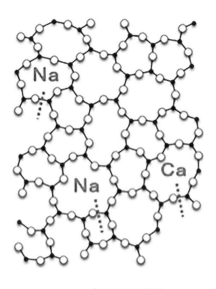

ソーダガラスの分子構造

8-1 多様な「構成元素」と多様な「化学結合」からなるセラミックス

　本書は、自動車に用いられている材料について解説する本である。これまでの章で、鉄、アルミニウム、銅などの金属材料と、プラスチックやゴムなどの有機高分子材料について述べてきた。本書の締めの章として、金属材料、有機高分子材料と並んで必須の工業材料とされている、「セラミックス」を取り上げることにする。

　人類は長い石器時代を経て、セラミックス材料から成る土器を発明した。新石器時代である紀元前8000年頃には、すでに土器がつくられていたとされている。金属の中で人類が最初に使用したとされる金と銅は、紀元前4000年頃から使われ始めていた（5-1項を参照）。従って、土器の原料であるセラミックスの方が金属より歴史がずっと古く、「石器」→「土器」→「青銅器」→「鉄器」の順になるのである。

　われわれの祖先がある日、粘土・長石・ケイ石など土の成分配合比がたまたま「焼き物」の原料に適した土地で、偶然にも火を使ったところ、「焼結現象」（粉体を融点以下の温度で加熱したとき、粉体粒子の間に結合が起こって固体になる現象）が起きることを見つけたことが、「土器発見」のヒントになった、といわれている。

　日本の縄文土器は、世界で最も古い土器の一つであり、東北地方で多く発見されている。粘土を焼成（焼結させるため加熱すること）してつくる素焼きの容器のことを、「土器」と呼ぶ。土器は、「陶器」や「磁器」に比べ、焼成温度は一般に低い。「陶器」は、陶磁器の中で素地に吸収性があり、光沢のある釉を施したものである。「磁器」は、陶器よりもさらに高温で焼成させる。そのため、素地はガラス化し、透明または半透明の白になり、硬く吸収性を有していない。軽く打つと、澄んだ音がするのが特長である。中国宋時代の末頃から発展し、日本では江戸時代の初期に北九州の有田で、焼き始められたとされている。

　2016年現在の日本のセラミックス産業の年間出荷額は、窯業分野（耐火物、セメント、ガラス、陶磁器など）が約9兆円、ファインセラミックスが約1兆円の規模となっている。

　「セラミックス」はとても多様な性質を持っており、一般の人たちにとっては具体的なイメージが掴みにくい材料である。その理由は二つ挙げられる。

　一つ目は、セラミックスが非常に多くの種類の「元素」から成っていることである。プラスチックなどの有機高分子材料を構成する主な元素は、C（炭素）、H（水

(1) ガラス
自動車のウィンドシールド
のフロントガラス

(2) セメント
(3) ファインセラミックス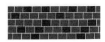
自動車ガソリンエンジン
のスパークプラグ

(4) 耐火物(レンガ)

(5) 陶磁器

図8-1-1　多様なセラミックス

元素はローレンシウム　$_{103}Lr$ までを考える

(1) プラスチックなど有機高分子材料の主な元素
「CHONS」の5つの典型元素
　C:炭素　　　H:水素　　　O:窒素
　N:窒素　　　S:硫黄

(2) 金属材料　　81元素
　① 典型金属元素　25元素
　② 遷移金属元素　56元素

(3) セラミックス　96元素
　① 金属元素　　81元素
　② 典型元素　　15元素(不活性ガスを除く)
　B:ホウ素　C:炭素　N:窒素　O:酸素　F:フッ素
　Si:ケイ素　P:リン　S:硫黄　Cl:塩素　As:ヒ素
　Se:セレン　Br:臭素　Te:テルル　I:ヨウ素　F:アスタチン

図8-1-2　材料を構成する元素の数
元素はローレンシウム　$_{103}Lr$ までを考える

素)、O(酸素)、N(窒素)、S(硫黄)の五つの典型元素である。7-5項でも述べたが、頭文字を取ってCHONS(チョンス)と覚えておくと便利である。金属は、典型金属元素25元素と遷移金属元素56元素、計81と多くの元素から成っている。セラミックスはこの「81の金属元素」と、「15の典型非金属元素」から構成されているのである(**図8-1-2**を参照)。

　セラミックスが多様な性質を持つ二つ目の理由は、**図8-1-3**に示すように、元素と元素をつなぐ「化学結合」が多様なことである。あらゆる金属材料は、金属結合で締結されている。有機高分子は、一つの高分子の中で炭素原子間は共有結合で結ばれているが、高分子間はファンデルワールス力で結ばれている。セラミックスは、原子間が①共有結合②イオン結合③共有結合とイオン結合が混合した結合、のいずれかで結ばれており、固体は結晶性のものと非晶性のものの両方が存在する。

　シリコン(典型非金属元素同士の結合)は①の共有結合が100%、酸化マグネシウム(金属元素と典型非金属元素の結合)は②のイオン結合が100%である。しかし大

(1) 金属材料・・・金属結合
金属の構造

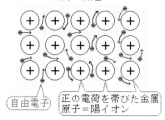

(2) 有機高分子
①原子間は共有結合→高分子

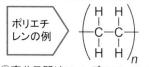

②高分子間はファンデルワールス力

(3) セラミックス
①共有結合・・典型金属同士の結合
例 シリコン(ケイ素Si)
(ダイヤモンド型の結合)

②イオン結合・・金属元素と典型元素の結合
例 酸化マグネシウム
$MgO = Mg^{2+} + O^{2-}$

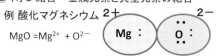

③共有結合とイオン結合の混合の結合

典型元素同士の結合

セラミックス名	共有結合性(%)
B_4C	94
SiC	88
BN	74
B_2O_3	60
SiO_2	49
SiO	48

金属元素と典型元素の結合

セラミックス名	共有結合性(%)
TiC	70
WC	70
AlN	53
TiN	44
WN	44
Al_2O_3	37
W_2O_3	30

図8-1-3 材料と化学結合

部分のセラミックスは、③の共有結合とイオン結合の性質が入り混じった結合をしているのである。セラミックスの種類によって、共有結合性が高いものと、イオン結合性が高いものとが存在するのである。例えば、SiCのように「典型非金属元素同士」の結合は、共有結合性が高い(イオン結合性が低い)傾向にある。一方でアルミナAl_2O_3のように「金属-典型非金属元素」の結合は、共有結合性が低い(イオン結合性が高い)傾向にある。

以上述べたように、セラミックスは多種な元素で構成されている上に、さらにそれらの元素が多様な化学結合で結ばれているため、セラミックスは多種な性質を持ち、イメージが掴みにくいのである。以降、自動車で用いられているセラミックスに焦点を絞って話を進める。

8-2　自動車で用いられる「ファインセラミックス」(1)

　ガソリンエンジンは、ガソリンと空気を混ぜた混合気を、タイミングよく燃焼・爆発させて、動力を発生させている。しかし、ガソリンの分子構造は枝分かれの多い飽和炭化水素なので、高温下でも「自己着火」しにくい性質を持っている。そこでタイミングよく燃焼させるためには、「火」をつけてやる必要がある。そこで、「火花」を飛ばして「点火」する役割を担うのが、「スパークプラグ」と呼ばれている部品である。

　「ガソリン」は、自己着火はしにくいが、一度火がつくと後は力強く燃える性質を有している。これに対して、ディーゼルエンジンの燃料である「軽油」は、分子構造が直鎖型の飽和炭化水素で「自己着火」しやすいため、ディーゼルエンジンにはスパークプラグ(以降プラグ)は不要なのである。**図8-2-1**に、4ストロークガソリンエンジンの作動原理を示す。第3行程で、プラグは作動する。ガソリンエンジンのピストン一つに対して、プラグも一つ必須となる。

　プラグは、**図8-2-2**に示すようにターミナル、絶縁体(「碍子」と呼ばれている)、

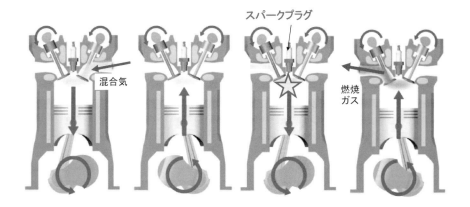

図8-2-1　4ストロークガソリンエンジンの作動原理

中心電極、接地電極、燃焼室に取り付ける金具などから構成されている。「絶縁体（碍子）」により、ターミナルと中心電極との間を絶縁することで、高電圧が電極以外に逃げるのを防止しているのである。この絶縁体の下部は、燃焼室内に突出しているため、「電気的絶縁性」はもとより、優れた「耐熱性」や「熱伝導性」などの性能が求められている。

そのために、代表的なファインセラミックスである「アルミナAl_2O_3」を高純度に精製したものが、絶縁体材料に用いられている。プラグの絶縁体（碍子）の部分は、アルミナの粉末を「静水圧プレス」で成形し、これを砥石で研削したものを、約1600℃の高温で焼成して造形されている。

次に、プラグの「着火」のメカニズムについて説明を行う。点火装置でつくられた高電圧が、プラグの「中心電極」と「接地電極」との間に加わると、**図8-2-3**に示すように、電極間の絶縁が破れて電気が流れる「放電現象」が起こり、「電気火花」が発生するのである。放電現象は、約1000分の1秒と、極めて短時間の現象である。この一瞬の「電気火花」が、圧縮混合気に着火爆発を起こさせるきっかけをつくる。電極間のガソリン分子は、「電気火花」により活性化され、酸素と結合す

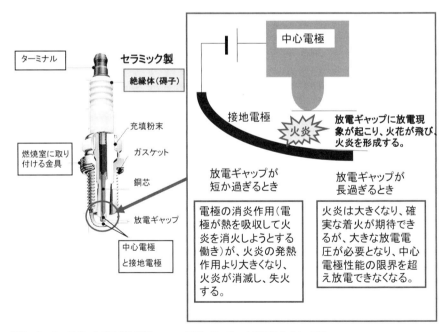

図8-2-2　スパークプラグの構造　　図8-2-3　火花の発生メカニズム

る化学反応「燃焼」を起こし、反応熱を発生させて「火炎」を形成する。さらに、この「火炎」の発熱作用によって、「燃焼」が周囲に広がっていくわけである。

　中心電極と接地電極との隙間のことを「放電ギャップ」といい、この隙間が適正であるときのみに「火花が飛び、火炎が形成される」のである。放電ギャップが短か過ぎるときは、放電現象が起こり「火花」は飛ぶのであるが、電極の消炎作用(電極が熱を吸収して「火炎を消火」しようとする働き)が、「火炎の発生」作用より大きくなり、「火炎」が消滅してしまう。一方で放電ギャップが長過ぎるときは、火炎は大きくなり確実な着火が期待できるのであるが、大きな放電圧力が必要となり、中心電極の性能の限界を超え、放電できず「火花」が飛ばなくなってしまう。適正な「放電ギャップ」を保持することが、重要なのである。

　スパークプラグ絶縁体(碍子)に用いられているアルミナAl_2O_3は、代表的な「ファインセラミックス」である。アルミナは、アルミニウムの原料であったことも思い出して頂きたい(5-5項、ホール＝エルー法を参照)。

　スパークプラグのように高い機能を果たすために、高純度に精製した原料を使用し、人工的に成分調整や結晶構造制御がなされたセラミックスは、従来の天然原料をそのまま用いる陶磁器、セメント、ガラスなどの「伝統的なセラミックス」に対して、「ファインセラミックス」と命名され、区分されている。ファイン(fine)は、「純度の高い」を意味する英語の形容詞である。fineという名詞も存在し、「罰金」を意味する。さまざまな生産技術が進歩することで、ファインセラミックスは活躍の場を大きく広げてきたのである。

　ファインセラミックスに属するものの中に、「圧電セラミックス」と呼ばれるチタン酸ジルコン酸系の材料がある。「圧電」とは、物体にひずみを与えると電流を発生する性質のことである。この特性を活かして、自動車のエンジン振動の大きさを検出するノッキングセンサーや、圧電振動ジャイロスコープ(カーナビの構成部品)の材料に、採用されている。

8-3　自動車で用いられる「ファインセラミックス」(2)

　前項では、自動車に用いられるファインセラミックスの事例として、エンジン内でガソリンと空気の混合気に、火花を飛ばして点火するという重要な役割を果たす「スパークプラグ」の「碍子」に用いられているアルミナついて、説明を行った。

　図8-2-1に示した「4ストロークガソリンエンジンの作動原理」に基づき、第3行程でスパープラグにより点火された混合気は燃焼爆発して、その後は第4行程で

「排気ガス」としてエンジンから押し出されるのである。

本項で紹介する「ハニカムセラミックス」とは、自動車エンジンの「排気ガス」を、「浄化」するシステムの一翼を担う部品のことで、それにファインセラミックスが用いられているのである。6-6項でも述べたように、大気汚染に対する世界的な懸念が広がる中、1970年に米国で成立したマスキー法を手始めに、米国・欧州各国・日本などは相次いで独自のガソリン自動車排ガス規制を導入し、その後年々規制は厳しいものへと強化されてきている。その規制に対応するために、自動車のエンジンは絶えず改良が加えられ、同時に「自動車排ガス浄化装置」の改良も進められてきたのである。

自動車排ガス浄化装置の画期的な進歩は、「触媒コンバータ」（**図8-3-1**を参照）の採用にあり、中でも有害3成分である「CO」、「炭化水素」、「NOx」を、同時に無害物質に転換（コンバート）する「3元触媒」の登場とその改良が、今日の厳しい規制に対応する技術の主役を演じているのである。この3元触媒を担持する担体（触媒の微粒子を支える多孔質の物体のこと。触媒を広い面積に分布させることが目

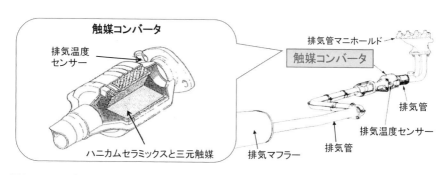

図8-3-1　ガソリン自動車の排気ガス浄化システム

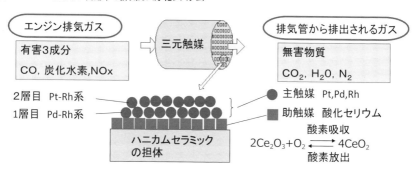

図8-3-2　ハニカムセラミックスと三元触媒

196

的)として「ハニカムセラミックス」が採用されているのである。ハニカム (honeycomb) とは「蜂の巣」を意味する。

　3元触媒は、有害3成分を同時に除去することから、この名が付けられている。**図8-3-1**に示すように触媒コンバータは、クルマの排気管の途中に設置されている。3元触媒は主触媒と助触媒からなり、主触媒は白金Pt、パラジウムPd、ロジウムRhという貴金属、助触媒は酸化セリウムである。3元触媒を担持するのが「ハニカムセラミックス」で、**図8-3-2**に示すように、薄い隔膜で囲まれた多数の貫通孔を有し、この貫通孔の中に3元触媒を担持しているのである。

　ハニカムセラミックスには、排ガス温度に耐えられる耐熱性、頻繁な急加熱・急冷に耐える耐熱衝撃性、車両振動に耐える機械的強度、さらには触媒との密着性および熱膨張係数が小さいことが求められており、これらさまざまな性能に優れた「コーディエライト」($2MgO \cdot 2Al_2O_3 \cdot 5SiO_2$の組成の結晶)と呼ばれているファインセラミックスが用いられている。3元触媒の触媒作用は、通常の化学反応と同様に低温ではその作用が低く、高温ほど高くなる。しかし高温になり過ぎると、破損したり火災の原因になるため、排気温度センサーによって常に温度を監視しているのである。

　ハニカムセラミックスの断面構造には、浄化すべき排ガスとの接触効率を高めることと、排ガスの通気抵抗を小さくしてエンジン出力低下をできる限り抑えることの両立が求められている。ハニカムセラミックスの断面は、セルの壁厚とセル数によってその構造が決まる。壁厚にはミル (mil) の単位が (1ミルは1000分の1インチ)、セル数には1平方インチ当たりの個数 (cpsi) が用いられている。歴史的には、12ミル200cpsiから採用が始まり、最近では2ミル900cpsiの薄肉品も実用化されている (**図8-3-3**を参照)。2ミルはティッシュペーパー1枚分ほどの厚さで極めて薄いため、多くのセル数が取れるわけである。従って、触媒の幾何学的な表面積が増えて浄化性能が向上するため、触媒コンバータの小型化が図れる。

　ハニカムセラミックスの製造工程を**図8-3-4**に示す。原料にはタルク、カオリン、アルミナを用い、コーディエライトの化学組成になるように適正比率で配合して、水とバインダーを加えて混合・混練する。混練物を押出し機に入れて、ダイスを通して押し出す。ハニカム状に押出し成形されたものを乾燥・切断して、最後に焼成する。

　重要ポイントは「押出しダイス」である。混練物は、ダイス入口側の供給孔からダイスに入り、途中から出口側のハニカム構造を形成するスリットを入って十文字に広がり、隣同士の混練物が圧縮合体して、一体のハニカム構造を形成するのである。

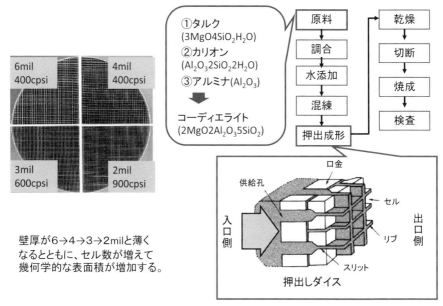

図8-3-3 ハニカムセラミックスの断面構造　図8-3-4 ハニカムセラミックス製造プロセス

出典：公益社団法人日本セラミックス協会の資料

8-4　自動車の窓に使われる「ガラス」とは何なのか？

　「ガラス」（主成分はSiO_2）の起源については諸説がある。よく知られているのは、約2000年前にプリニキスという古代ローマの学者が書いた、『自然博物誌』という書物の一節である。そこには、「今から約1000年前、フェニキアの商人が、船の積荷の天然炭酸ソーダの塊を材料にして、炉を築いて炊事をしていたところ、炉の熱で炭酸ソーダと海岸の砂が混ざり合って溶融し、ガラスができた」という話が記録されている。海岸の砂（主成分SiO_2）とアルカリ原料である天然炭酸ソーダNa_2CO_3は、加熱すると化学反応を起こして「ソーダガラス」を生成することを、偶然に発見したのであった（**図8-4-1**を参照）。

　このエピソードがエジプトに伝わり、その後ローマ帝国において「吹きガラス工法」が発明され、「ローマンガラス」として発展したのである。13世紀に入ると、北イタリアのベネチアにおいて、ガラス製造は産業として発展した。無色透明なガラスは、ステンドグラス、鏡、酒盃（グラス）などの「ベネチアンガラス」として、ヨーロッパ各地に輸出され、一世を風靡したのである。当時のベネチア政府は、収入源

であるベネチアングラスの製造方法が他国に漏れないように、ムラーノ島にガラス職人を隔離して、生産していたと伝えられている。

16世紀に入ると、ガラス産業は北ヨーロッパに中心を移し、アルカリ原料として天然の炭酸ソーダNa_2CO_3ではなく、草木灰K_2CO_3を用いた「カリガラス」が発展した。カットなどの加工技術が大幅に進化し、現代のガラス工業の基礎が築かれたのである。

産業革命以降は、石鹸やガラスの原料として炭酸ソーダ（炭酸ナトリウム）Na_2CO_3が工業的に大量に生産されるようになり、炭酸ソーダをアルカリ原料としたソーダガラス（**図8-4-1**を参照）が再び主流になった。ガラスは、ソーダガラス→カリガラス→ソーダガラスという歴史を辿ったのである。

「ガラス」とはそもそも何であろうか？　金属、およびアルミナのようなセラミックスは、室温では「結晶状態」の固体である。しかし、ガラスは結晶を形成しない。ガラスの中の原子の配置は、結晶のように規則的なものではなく、ランダムになっている。それはあたかも、液体がそのままの原子配置で凍結されたような状態なのである。しかし室温でのガラスは硬い状態で、固体と類似している。また「ガラス

(1) SiO_2結晶

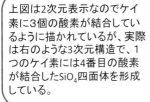

(2) ソーダガラス

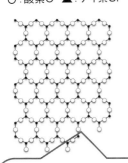

ソーダガラスは、現在最も広く利用されているガラス。酸化ケイ素（SiO_2）、炭酸ソーダ（Na_2CO_3）、炭酸カルシウム（$CaCO_3$）などを混合して融解することにより得られる。炭酸ソーダを加えると融点は1000℃近くまで下がり加工が容易になる。しかし、炭酸ソーダを加えるとケイ酸ナトリウムNa_2SiO_3を生じ水溶性になるため、炭酸カルシウムを加えることで、これを防いでいる。

上図は2次元表示なのでケイ素に3個の酸素が結合しているように描かれているが、実際は右のような3次元構造で、1つのケイ素には4番目の酸素が結合したSiO_4四面体を形成している。

炭酸ソーダ（Na_2CO_3）、炭酸カルシウム（$CaCO_3$）などの金属酸化物は、SiO_4のネットワーク結合を切断し、酸化ケイ素を分解する。

図8−4−1　ガラスの分子構造

転移」を明確に示す物質なのである。

　ガラスのように、ランダムな構造を持つ物質を総称して「アモルファス（非晶質固体）」と呼ぶ。アモルファス金属やアモルファスシリコンなどがよく知られているが、これらは「ガラス転移」を示さない。「ガラスとは、『ガラス転移』を示す非晶質固体」のことなのである。「ガラス転移」とは何かを、次で説明する。

　図8-4-2に物質の「温度」と「体積」の関係を示す。基本的に物質は温度が高くなるにつれて、体積も連続的に増加するのが原則である。実線で示した「結晶」の固体は、温度を徐々に上げていくと、それに伴い原則通り体積は連続的に増加する。そして「融点」に達すると、結晶が融解して液体へと状態が変化する。固体（固相）から液体（液相）になるとき体積は不連続に急増する。融点のように、「体積」が不連続に変化する温度が「一次の相転移」である。逆に、液体（液相）を徐々に冷却すると、融点で結晶化し、体積が急減して固体（固相）になるのである。

　非晶性物質の挙動は、破線で示してある。ガラスのような非晶性物質の液体を、徐々に冷却していくと、融点に達しても結晶化は起こらない。そのまま冷却が進むと液体の粘度が高まり、ますます結晶化しづらくなる。やがて直線の傾き（熱膨張

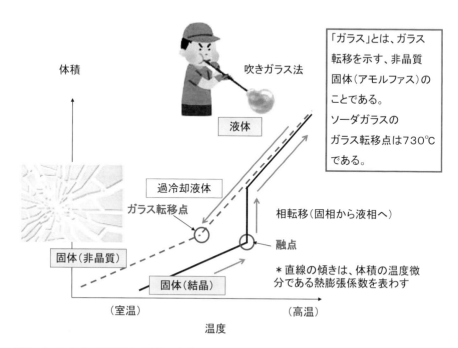

図8-4-2　物質の「状態変化」と「ガラス転移」

係数、体積の変化率）に変化が生じ、より小さくなる。結晶化しないまま、結晶固体と同等な直線の傾き（熱膨張係数）で冷却され、そのまま固体となるのである。

　このように、液体のランダムな原子配置を保ったままの固体がアモルファスで、非晶性プラスチックもこれに属する。熱膨張係数に変化が生じる現象が、「ガラス転移」と呼ばれるもので、その温度のことを「ガラス転移点」という（7－12項を参照）。ガラス転移を示すアモルファス（非晶質固体）が、「ガラス」なのである。ガラス転移点は、「体積」の温度微分である「熱膨張係数」が不連続に変化する温度で、「二次の相転移」である。

8－5　「自動車窓ガラス」の設計コンセプトと製造方法

　代表的なガラスの種類、組成、特徴および用途を**図8-5-1**に示す。日本では、年間400万トン程度のガラスが大量に生産されているが、過半数をソーダ石灰ガラスが占め、自動車の窓ガラスなどに用いられている。**図8-5-2**に示すように、ソーダ石灰ガラスの材料組成は、地殻の組成にとても近い。なぜならば、ソーダ石灰ガラスは、地殻に大量に存在している「砂」を主原料にしているからである。
ソーダ石灰ガラスは、（1）原料の調合（2）溶融（3）成形（4）冷却（5）後加工、というプロセスを経て製造されている（**図8-5-3**を参照）。最初に、中核となるの（2）溶融プロセスついて説明する。溶融プロセスは、①溶解②脱泡③均質化、という三

種類	組成	特徴	用途
シリカガラス	SiO_2	高純度、高耐熱性低膨張係数	半導体プロセス用部品
ソーダ石灰ガラス	$SiO_2-CaO-Na_2O$	大量生産、安価	窓ガラス、板ガラス、びんガラス、電球、食器
ホウケイ酸塩ガラス	$SiO_2-B_2O_3-Na_2O$	化学的耐久性良好低熱膨張率	高額ガラス、理化学用ガラス化学工場プラント、医療容器
鉛ガラス	$SiO_2-PbO-Na_2O$	屈折率高いX線不透過	光学ガラス、封着ガラスX線遮蔽ガラス窓
アルミノケイ酸塩ガラス	$SiO_2-Al_2O_3-B_2O_3-RO$	無アルカリガラス高歪み点ガラス	強化用ガラス繊維ディスプレイ用基板ガラス

図8-5-1　代表的なガラスの種類とその用途

ソーダ石灰ガラスと地球の地殻の組成の比較

単位 %

成分	ソーダ石灰ガラス	地球の地殻
SiO_2	74	62
Al_2O_3	1	16
$CaO+MgO$	9.5	8
Na_2O+K_2O	15.5	6
FeO	—	7
TiO_2	—	1

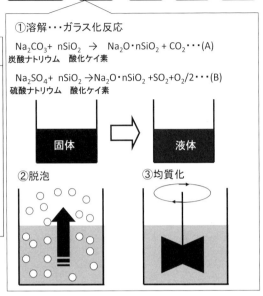

①溶解・・・ガラス化反応

$Na_2CO_3 + nSiO_2 \rightarrow Na_2O \cdot nSiO_2 + CO_2 \cdots (A)$
炭酸ナトリウム　酸化ケイ素

$Na_2SO_4 + nSiO_2 \rightarrow Na_2O \cdot nSiO_2 + SO_2 + O_2/2 \cdots (B)$
硫酸ナトリウム　酸化ケイ素

図8-5-2　ソーダ石灰ガラスと地球の地殻の組成の比較

図8-5-3　ガラスの標準的な製造方法

つの工程から成っている。

1番目の工程は「溶解」工程である。ガラス原料である砂（酸化ケイ素）、炭酸ナトリウム、炭酸カルシウムなどは調合された後に、1400℃前後の溶融炉内に供給される。炭酸ナトリウムは酸化ケイ素と共存すると、630℃程度の比較的低い温度で、(A)式で示される固相反応を起こして、酸化ケイ素を容易に分解する（**図8-4-1**の右側の図を参照）。

ガラスの原料には、ガラスを構成する成分以外に、溶融促進剤、清澄剤、着色材などの成分も微量に含まれている。ソーダ石灰ガラスに用いられる硫酸ナトリウムは、酸化ケイ素の溶解反応を低温で促進する溶融促進剤として、(B)式の反応を進める。(A)式(B)式は、「ガラス化反応」と呼ばれている。この反応で酸化ケイ素は溶解し、ガラス組織の基本構造を生成するのである。

ガラス化反応による①「溶解」工程が終了すると、次は②の「脱泡」工程へと続く。この工程の目的は、溶解したガラスの中に発生した残存気泡を、除去することにある。ガラス溶解液の粘度を下げたり、減圧や撹拌して脱泡する物理的な方法

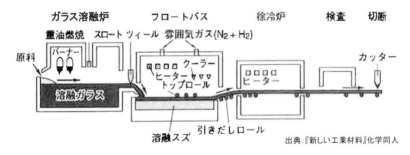

図8-5-4　ガラス板をつくる「フロート法」の概要

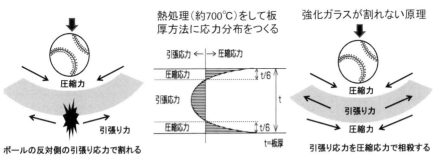

図8-5-5　強化ガラスの原理

と、清澄剤と呼ばれる微量成分（硫酸ナトリウム、酸化ヒ素など）を添加することで、気泡を作為的につくることによって、この気泡により除去したい残存気泡の浮上をアシストさせる、という化学的方法の2方法が存在する。③の「均質化」は、溶融プロセスの最後の工程として、化学組成の不均一を解消することを目的としている。溶融ガラスを撹拌して、組成の均一化を図っている。以上の溶融プロセスは、一般的にはガラス溶融炉で連続的に操作されている。

　次に、（3）成形工程以降を、自動車の窓ガラスを例にして説明する。まず、「ガラス板」の成形法について述べておく。ガラス板は、1959年に英国のピルキントン社によって開発された「フロート法」によって生産されている。この工法は、平坦なガラス板を製造するために、上で説明した（2）溶融プロセスでつくられた、溶融したソーダ石灰ガラスを、同じく溶融した金属錫（融点232℃）の浴上に、流し込んで浮かべ、徐々に冷却しながら連続的にガラス板をつくる方法である。溶融した金属錫が、一種の型のような役割を果たしているところが、際立った特徴なのである（**図8-5-4**を参照）。

　自動車のサイド窓およびリヤ窓には、「強化ガラス」が用いられている。強化ガラ

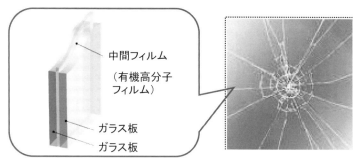

図8-5-6　合わせガラスの構造と割れ方

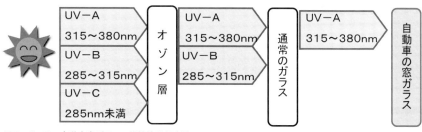

図8-5-7　自動車窓ガラスの紫外線吸収方法

スは、フロート法でつくった生板ガラスを約700℃に加熱した後、急速に冷却するのだ。すると、ガラス表面（約1/6の厚み）には圧縮応力層が、内部には引張応力層が形成されるのである。このため、生板ガラスの3～5倍の強度を有するようになる（**図8-5-5**を参照）。実際の自動車のリヤ窓などの製造方法は、フロート法でつくられた生板ガラスを約700℃まで加熱して、窓ガラスの3次元形状にプレス成形した後に、急冷するのである。

　フロントガラス（風防）は、サイドやリヤよりも安全確保に対する要求が厳しいために、「合わせガラス」が用いられている。**図8-5-6**に示すように合わせガラスは、強化させていない2枚の生板ガラスの間に、薄くて透明で伸縮性がある有機高分子（ポリビニルブチラールなど）フィルムをサンドイッチして、密着一体化させたものである。適度な強度を持っており、万一衝突して衝撃を受けた場合には適度に割れやすく、乗員に与える衝撃は、強化ガラスよりも減衰されるのである。

　また2枚のガラスは、接着されているために破片が飛散することが少なく、中間フィルムにより乗員が車外に放出されることを防止しているのである。この中間

フィルムの中に、紫外線吸収剤を添加して紫外線をカットしている。一方強化ガラスは、ガラスに紫外線吸収剤をコーティングするなどして、カットしているのである（**図8-5-7**を参照）。

8-6　自動車が安心して走れる環境に良い「道路」をめざして！

　本書の締めの項として、普段は気に留めることは少ないが、クルマが安全に安心して走るためにはなくてはならない、道路の材料に焦点を当てることにする。私達が日常目にしているアスファルト舗装面は、道路全体の皮の部分にしか過ぎない。道路の基本的な断面構造は6層から成っている（**図8-6-1**を参照）。

　最深部の「路体」とは道路の土台のことで、その厚さは各層の中で最も厚い。層の厚さは下の層ほど厚くなっている。路体の材料は「土」で、道路をつくる場所にある自然の土を活用している。路体の上の層は「路床」で、路体同様に道路の土台に当たる。路床の材料は「砂」である。人工的に製造した砂を購入して用いている。

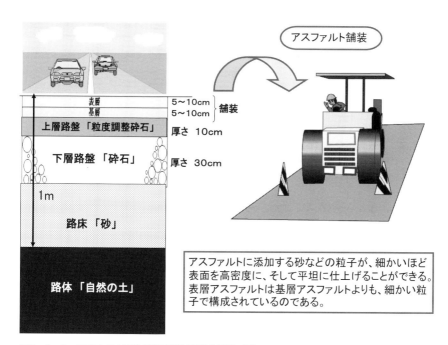

図8-6-1　アスファルト道路の断面構造（都道府県道の例）

一般的には地下約1mより深い部分が路体で、約1mより上が路床である。路床の上が「下層路盤」で、地面から20〜30cmほど下がった部分で、厚さは30cm前後である。下層路盤の材料は、大きさが一様でない「砕石」である。この上の層が「上層路盤」で、アスファルト舗装層の下地となる部分である。地面から10〜20cmほど下がった部分で厚さは10cm前後である。材料は大きさが整った砕石である。

　この上の層が「舗装」で、基層と表層に分けられる。いずれも厚さは5〜10cm程度である。材料は「アスファルト合材」で、アスファルトを結合材として、砂などを混合したものである。表層は基層に比べ、より細かい粒子の砂を用いている。一般的な道路は、全てこのアスファルト舗装でできている。コンクリート舗装に比べ強度面では劣るが、平坦性ではアスファルトが断然優れている。もし、一般道路がコンクリート舗装であったとすると、タイヤのパンク事故が多発する危険性が生じるのである。

　アスファルトとは、原油に含まれている炭化水素類の中でも、炭素数が20以上の重い有機物質である。石油を常圧蒸留した「残油」を、さらに減圧しながら蒸留して「潤滑油」を精製しているが、アスファルトはこの減圧蒸留工程での残油のこ

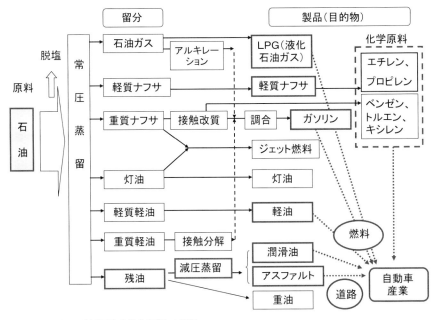

図8−6−2　石油製品と自動車産業との関係

とである。

このように自動車が走る道路の材料は、石や砂などのセラミックスと有機物質アスファルトから構成されているのである。

図8-6-2に示したように自動車産業は、ガソリン・軽油・LPGなどの「燃料」、プラスチックやゴムの原料となる「化学原料」、摩擦を減らしエンジンを長持ちさせる「潤滑油」、道路の材料「アスファルト」など、石油製品に極めて大きく依存しているのである。

最近注目を集めているファインセラミックスの一つに、「酸化チタンTiO_2」が挙げられる。酸化チタンに光を照射すると、酸化チタン自体は変化せずに周囲にある有機物を分解するのである。このような材料は、「光触媒」と呼ばれている。**図8-6-3**に示すように、半導体である酸化チタンTiO_2に、バンドギャップ以上のエネルギーを持つ光（波長<380nm）を照射すると、正孔h^+と電子e^-が発生する。光を吸収した酸化チタンの特徴は、正孔h^+の強い酸化力にあり、（1）式に示す反応を引き起こして、表面に付着した水を酸化して、ヒドロキシラジカル$HO·$を生成する。

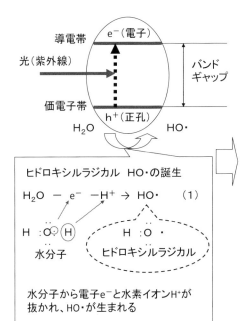

図8-6-3　酸化チタン(TiO_2)光触媒のメカニズム

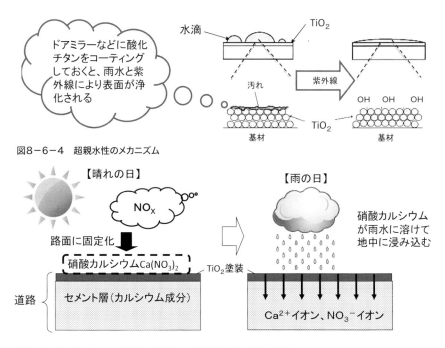

図8-6-4　超親水性のメカニズム

図8-6-5　「フォトロード工法」の概要…自動車排気ガスのNOx対策

　ヒドロキシラジカルは活性酸素の一種であり、極めて反応性の高い物質で、有機化合物を容易に分解するのである。
　酸化チタンのこの特徴を活かして、酸化チタンは環境浄化の製品（空気洗浄、水質浄化、抗菌・殺菌）に、最近数多く用いられている。ヒドロキシラジカルは、有機化合物を分解させるだけではなく、菌などの微生物を攻撃して死滅させる能力を有しているのである。
　光を吸収した酸化チタンは、同時に親水性も高くなる。このため**図8-6-4**に示すように、水を垂らしても球状にはならず、水は表面に広がって薄い膜を形成するのである。従って、自動車ドアミラーに予め酸化チタンをコーティングしておくと、雨水によって表面が浄化され、汚れが付きにくくなり（セルフクリーニング性）、防曇性が発現するのである。
　また、自動車の排ガスに含まれるNOxは大きな環境問題になっているが、この問題に対しても酸化チタンを利用した方法が研究されている。道路表面に酸化チタ

ンを塗装するフォトロード工法と呼ばれるもので、自治体による実証実験が行われている。NO_xは、道路表面の酸化チタンに吸着し、太陽光などの影響で固体の硝酸カルシウム$Ca(NO_3)_2$を生成して路面に固着する。そこへ雨が降ると、硝酸カルシウムは、雨水にイオンとして溶け込み地中に浸んでいくため、再び酸化チタンが顔を出してNO_xを吸着するというメカニズムである(**図8-6-5**を参照)。

参考文献

1. 『自動車技術ハンドブック8　生産・品質編』自動車技術ハンドブック編集委員会　自動車技術会　2006年
2. 『鉄の薄板・厚板がわかる本』新日鉄住金㈱編著　日本実業出版社　2009年
3. 『鉄の未来が見える本』新日鉄住金㈱編著　日本実業出版社　2007年
4. 『鉄と鉄鋼がわかる本』　新日鉄住金㈱編著　日本実業出版社　2004年
5. 『化学の歴史』　アイザック・アシモフ　筑摩書房　2010年
6. 『物理化学』　関一彦　岩波書店　1997年
7. 『錬金術の復活』　曽根興三　　裳華房　1992年
8. 『鉄の文化史』田中天　海鳥社　2007年
9. 『トコトンやさしい化学の本』　井沢省吾　日刊工業新聞　2014年
10. 『読みきり化学史』　渡辺啓、竹内敬人　東京書籍　1987年
11. 『自動車メカニズムの基礎知識』　橋田卓也　日刊工業新聞　2013年
12. 『トコトンやさしい鉄の本』　菅野照造　日刊工業新聞　2008年
13. 『おもしろサイエンス　鉄鋼の科学』　菅野照造　監修　鉄鋼と生活研究会編著　日刊工業新聞　2010年
14. 『さびのおはなし』　増子昇　日本規格協会　1997年
15. 『トコトンやさしいめっきの本』　榎本英彦　日刊工業新聞　2006年
16. 『電気化学(基礎化学コース)』　渡辺正編著　丸善出版　2011年
17. 『よくわかるアルミニウムの基本と仕組み』　大澤直　秀和システム　2010年
18. 『トコトンやさしい非金属の本』　山口英一　監修　非鉄金属研究会編著　日刊工業新聞　2010年
19. 『「もの」と「ひと」シリーズ　銅』　増子昇　フレーベル館　1986年
20. 『銅のおはなし』　仲田進一　日本規格協会　1985年
21. 『金・銀・銅の日本史』　村上隆　岩波書店　2007年
22. 『トコトンやさしいセラミックスの本』　日本セラミックス協会編　日刊工業新聞　2009年
23. 『おもしろサイエンス　ガラスの科学』　ニューガラスフォーラム編著　日刊工業新聞　2013年
24. 『新しい工業化学』　足立吟也ら　化学同人　2004年
25. 『プラスチックの自動車部品への展開』　岩野昌夫　日本工業出版　2011年
26. 『鉄の科学がよくわかる本』　高橋竜也　秀和システム　2009年
27. 『トコトンやさしい自動車の化学の本』　井沢省吾　日刊工業新聞社　2015年

28. 『エピソード読む　自動車を生んだ化学の歴史』　井沢省吾　秀和システム　2016年
29. 『新化学Ⅰ・Ⅱ』　野村裕次郎ら　数研出版　2003年
30. 『よくわかる最新「銅」の基本と仕組み』　大澤直　秀和システム　2010年
31. 『石油のおはなし(改訂版)』　小西誠一　日本規格協会　2010年
32. 『プラスチック材料活用事典』　服部達哉　産業調査会事典出版センター　2001年
33. 『自動車の軽量化テクノロジー』　吉田隆　NTS　2014年
34. 『トコトンやさしい炭素繊維の本』　平松徹　日刊工業新聞社　2012年
35. 『プラスチック成形加工学』　プラスチック成形加工学会編　シグマ出版　1996年
36. 『プラスチック成形加工学の教科書』　井沢省吾　日刊工業新聞社　2012年
37. 『高分子の基礎知識』　東京工業大学国際高分子基礎研究センター　日刊工業新聞社　2012年
38. 公益社団法人日本セラミックス協会ホームページ資料
39. 「道路のしくみ」ホームページ資料
40. 名古屋大学ナショナルコンポジットセンターホームページ
41. アメリカ航空宇宙局資料
42. 公益財団法人ＪＦＥ21世紀財団ホームページ
43. ＪＦＥスチール㈱ホームページ
44. 白光金属工業㈱ホームページ
45. いすゞ自動車㈱ホームページ
46. ＪＡＦホームページ
47. 信越電線㈱ホームページ
48. 奈良観光協会資料
49. 日新製鋼㈱ホームページ
50. 一般社団法人アルミニウム協会
51. TDK㈱ホームページ

〈著者紹介〉

井沢省吾(いざわ・しょうご)

1958年9月7日愛知県東海市に生まれる。1984年3月名古屋大学大学院工学研究科化学工学科修士課程修了。1984年4月アイシン精機㈱に入社、以降プラスチックの成形加工の研究開発に従事する。1993年に中部品質管理協会の「西堀記念賞」を受賞。2002年に全米プラスチック協会(S.P.E.)で最優秀賞を受賞。これまでに開発技術31件を特許化。

現在、アイシン精機㈱第二生技開発部 主査。

主な著書に、『トコトンやさしい化学の本』(日刊工業新聞社 2014年)『プラスチック成形加工の教科者』(日刊工業新聞社 2014年)『トコトンやさしい自動車の化学の本』(日刊工業新聞社 2015年)『エピソードで読む 日本の化学の歴史』(秀和システム 2016年)『エピソードで読む 自動車を生んだ化学の歴史』(秀和システム 2016年)がある。

自動車用材料の歴史と技術

2017年9月1日　初版発行

著　者	井沢省吾
発行者	小林謙一
発行所	**株式会社グランプリ出版** 〒101-0051　東京都千代田区神田神保町1-32 電話 03-3295-0005㈹　FAX 03-3291-4418 振替 00160-2-14691
印刷・製本	シナノ パブリッシング プレス

©2017 Printed in Japan　　　　　　　　　ISBN-978-4-87687-352-4　C2053